建筑安全氛围、安全行为与安全结果关系研究

张　静　李芳芳
陆绍凯　李旭升　著

西南交通大学出版社
·成都·

图书在版编目（CIP）数据

建筑安全氛围、安全行为与安全结果关系研究 / 张静等著. 一成都：西南交通大学出版社，2018.1
ISBN 978-7-5643-5843-3

Ⅰ. ①建… Ⅱ. ①张… Ⅲ. ①建筑施工－安全管理－研究 Ⅳ. ①TU714

中国版本图书馆 CIP 数据核字（2017）第 261256 号

建筑安全氛围、安全行为与安全结果关系研究

张　静　李芳芳
陆绍凯　李旭升　著

责任编辑／姜锡伟
助理编辑／王同晓
封面设计／何东琳设计工作室

西南交通大学出版社出版发行
（四川省成都市金牛区二环路北一段 111 号西南交通大学创新大厦 21 楼　610031）
发行部电话：028-87600564　028-87600533
网址：http://www.xnjdcbs.com
印刷：四川森林印务有限责任公司

成品尺寸　170 mm × 230 mm
印张　10　　字数　170 千
版次　2018 年 1 月第 1 版　　印次　2018 年 1 月第 1 次

书号　ISBN 978-7-5643-5843-3
定价　56.00 元

建筑行业的危险性和安全事故的不断发生，引起了社会各界对建筑行业安全生产状况的关心和重视。建筑安全问题事关人民群众的生命财产，安全生产也是建筑工人生命权益保障的最重要的议题。但我国建筑业的安全事故发生率一直居高不下，安全事故发生率及安全事故造成的损失远高于发达国家建筑业水平。统计资料显示，建筑安全事故有 85%～95%是违章操作、违章指挥和违反劳动纪律所造成的，这些“三违”现象，与建筑安全主体即一线的建筑工人有密切联系。我国建筑工人人数高达四千万，而且其中农民工的比例达到 80%。他们属于文化水平较低且工作环境危险的社会弱势群体，其职业安全问题不容忽视。由于建筑工人工作条件艰苦，露天作业量大，时间长，受气候条件影响大，施工流动性大，施工环境变化频繁，因此，该职业危险程度高。每年建筑安全事故频发，因此而丧生的建筑工人近千人，受伤者不计其数，直接经济损失逾百亿元。

建筑工人是建筑安全的主体，而从整体上来说，我国庞大的建筑工人群体存在安全意识薄弱、安全技能不足、安全知识贫乏、安全行为不规范等问题。本书以建筑工人为研究对象，研究安全结果受哪些主要因素的影响以及如何有效改善安全结果。这可以帮助企业和政府相关管理部门有效地监控建筑工人劳动过程的非安全行为以及制定针对性的安全管理规章制度，以尽量降低建筑安全事故的发生率并更好地保障建筑工人的生命权益。本书对“安全氛围→安全行为→安全结果”模型在中国特殊背景情境下的适用性进行了验证，并对安全结果这个结果变量及其作用机理进行了积极的探索，突破了以往研究文献回避深入探索安全结果的局限，采用一手实证数据探索安全结果到底由哪些因素决定和影响，丰富了建筑安全的理论研究。

本书第 1 章“绪论”主要论述本文的研究背景、研究目的与研究意义，并简要介绍主要研究方法与技术路线以及整本书的结构和内容安排以及创新点。第 2 章“文献综述”主要阐述与本研究有关的理论与文献，该章为全文的文献基础和理论依据。第 3 章“相关理论综述与选择”重点对以下两个方面的理论进行回顾和述评：一是行为学主要理论，二是安全行为与安全结果主要理论。本章对相关理论进行系统性的回顾和综述，并从上述相关理论中得到启示，在借鉴相关理论的基础上提出了本书的逻辑研究框架。第4章“概念模型构建与研究假设”在文献研究的基础上，结合调研访谈，对每个潜变量进行了定义和解释，形成研究框架，并提出本书的研究命题和假设以待后文进行实证分析。第5章“实证研究设计”首先说明调查问卷的设计原则与程序，其次阐述量表是如何形成的，包括说明各项测量问项的来源以及理论基础、产生过程以及编制的各个变量的初始测量问项。第6章“模型数据分析与结果”通过小样本的预调研对数据的收集过程和原则进行说明，然后进行大样本问卷调查过程与结果分析，为假设检验奠定基础。之后，进行假设检验和结果分析，检验本书所提出的假设与理论模型是否成立，判定分析研究各假设具体支持状况。第7章“结论与研究展望”对本书研究作最后总结，包括三个部分：其一，归纳本研究主要观点和结论；其二，结合研究结论提出本研究对实践的启示；其三，总结和分析本研究的贡献、局限和展望。

本书研究结果可以用于科学指导施工企业改进内部安全管理方法，指导政府安监部门优化政府施工安全管理政策等，对改善安全结果、降低建筑工人伤亡率起到了一定的帮助作用。本书可供建筑行业从业人员、政府安全管理工作人员以及对本书研究领域感兴趣的学者和研究人员阅读参考。

感谢李军教授、王建琼教授和周国华教授以及同事郭茜、曹振宇、徐进、郝利花对本书撰写的指导和帮助。感谢同学刘海琛、余波提供企业调研的机会，使得我们能收集到一手的数据。

本书的研究工作得到了中央高校基本科研业务费专项资金资助项目“农民工安全感、公平感、群体效能感与集群行为结构机制及其政策研究”（2682017WCX02）、国家自然科学基金项目（71472158）、中央高校基本科研业务费专项资金资助项目（2682017WCX04）、国家自然科学基金项目（71002064）、成都市软科学研究项目（2015-RK00-ZF）、国家自然科学基金青年项目（71502147）的支持和资助。

由于作者水平有限，书中的缺点和不足在所难免，欢迎广大读者不吝赐教，以便在今后的研究中进一步完善和提高。

著　者

2017年7月

Contents/目录

1 绪论

1.1 研究背景

1.1.1 我国建筑安全生产现状

我国当前的基本建设活动是世界上最大规模的，并且建筑业的项目数量以及投资规模也在快速增长。根据 2012 年《中国建筑业年鉴》统计数据，建筑业从业人数达到了 38 524 733 人（吴涛，2013）。我国建筑业从业人数占全社会从业人数的 5.2%，约占全国工业企业总从业人数的 1/3，约占全球建筑业从业人数的 1/4，是世界上最大的行业劳动群体。全国建筑工人 80%以上为农民工，并且其数量还在连续多年稳定增长（戴国琴，2013）。建筑行业迅猛发展的同时引发了一些令人担忧的社会问题，其中建筑安全问题成为亟待改善和解决的重要问题。建筑施工的特点是：建筑工人作业流动性大、露天施工、劳动强度高、施工人员更换频繁以及施工周期长。因此高处坠落、坍塌、物体打击、触电、机械伤害等各种类型的安全事故频繁发生。根据 2012 年《中国建筑业年鉴》统计，图 1-1 是各种事故类型比例分布情况，图 1-2 则显示了安全事故发生部位分布情况。

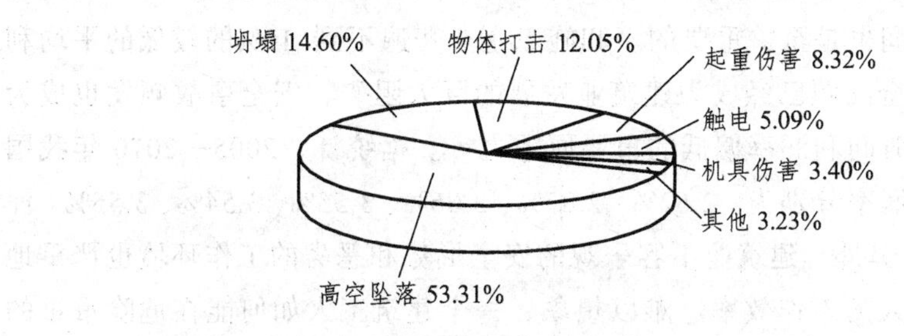

图 1-1　2011 年事故类型情况

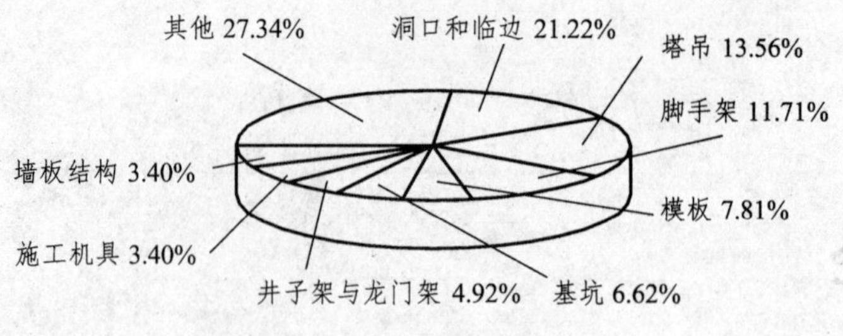

图 1-2　2011 年事故部位情况

我国建筑业的安全水平相对较低，每年因为安全事故而死亡的从业员工数量均在千人左右（如表 1-1 所示），因而造成的直接经济损失超过百亿元。建筑业属于人员伤亡事故高发行业，安全事故发生率以及人员伤亡数量长期处于我国生产性行业第二位，危险程度仅次于采矿业。每年建筑业伤亡率统计约为 3.49 万/10 万（郑雷、王增珍，2012），而国家统计数据还无法包括部分施工企业所瞒报的真实的伤亡建筑工人人数。据统计，英国平均每星期有 1 名建筑工人死于工伤事故，美国平均每星期有 2 名建筑工人死于工伤事故，而中国平均每天有 3 名建筑工人死于施工安全事故（尹陆海，2009）。由此可以看出我国建筑安全管理水平与发达国家之间的巨大差距。表 1-1 为近年来我国建筑施工事故死亡人数统计，从表中我们可以看出，虽然每年建筑施工事故死亡人数有下降的趋势，但死亡人数的基数还是相当大的，每一个因工伤死亡的建筑工人背后都有一个苦难的家庭。施工安全事故造成的损失，在英国为项目成本的 3%～6%，在美国与中国香港地区大约是项目成本的 7.9% 和 8.5%（尹陆海，2009）。在我国内地目前还没有正式的统计数据，但据估算，建筑安全事故造成的经济损失超过了施工企业的平均利润。这意味着承包商所承揽的工程项目一旦发生安全事故，那承包商辛勤劳动的利润还不足以弥补安全事故带来的经济损失，所以有效预防安全事故的发生对承包商能否获取项目利润也是至关重要的。和施工企业普遍不到 10%的较低的平均利润率相比，安全问题已经成为建筑业发展的巨大阻碍，安全事故频发也成为我国建筑业长时间利润率偏低的重要原因之一。据统计，2005—2010 年我国建筑业产值利润率分别为：2.62%、2.87%、3.06%、3.55%、3.54%、3.55%（汪士和，2012）。另外，建筑业不容乐观的安全形势和恶劣的工作环境也严重地影响了建筑工人的工作效率。难以想象，一个建筑工人如何能在危险重重的工作条件下保证每日以正常工作效率连续施工作业 10 多个小时，如何能专心施工而不担忧自身的安全与健康。建筑安全事故高发、牵涉面广、经济损失严重、社会影响恶劣，建筑安全生产事关建筑工人这个庞大的弱势群体的切身利益，也与党的十八大所提倡和重视的民生保障密切相关。党的十八大要求强化公共安全体系和企业安全生产基础建设，遏制重特大安全事故，这与建筑工人的安全生产问题息息相关。中国建筑工人 80%以上是进城务工农民（何雪飞，2011），他们从事着又脏又累且具有高危险性的工作，他们正在为中国的城镇化建设作着巨大的贡献，而这上千万的建筑农民工的安全生产和生命保障问题是政府必须在行动上予以真切地关注和重视的，而不仅仅只是停留在安全生产的口号而已。

表 1-1　2001—2011 全国建筑施工事故死亡人数统计数据

年份	2001	2002	2003	2004	2005	2006	2007	2008	2009	2010	2011
死亡人数/人	1 097	1 292	1 279	1 125	1 193	1 041	1 012	963	846	772	707

*注：此处建筑施工事故死亡人数只包括住房及市政工程事故死亡人数。

1.1.2　我国建筑安全事故高发的原因分析

虽然我国一直倡导“安全第一、预防为主”的安全生产方针，但在实际工作中，我国建筑安全管理水平与发达国家相比仍存在较大差距。我国建筑安全事故高发有多方面的原因，总结起来可以归结为以下几个方面：

1. 建筑工人原因

我国建筑工人普遍文化水平低，有的甚至是文盲。中国由于特有的人口构成比例，总人口中占据绝大比例的仍然是农业人口，同样的，建筑业的从业人员中，农民工数量比例高达 80.58%。不容乐观的是，农民工普遍文化水平低下。据中国农业普查资料统计，农民工的文化程度为：文盲与半文盲比例占 9.05%，小学文化水平占 38.88%，初中文化水平占 44.22%，高中占 6.87%，中专占 0.75%，大专及大专以上占 0.23%。长时间以来，相当大比例的进城务工农民工选择进入建筑业从事一线施工工作，主要是因为建筑业从业门槛较低。大部分建筑农民工文化水平都比较低，也未接受过正规系统的专业技能培训，因而安全知识技能不足、安全意识较差、自我保护能力差，从而易酿成安全事故。更不容乐观的是，相当多的建筑工人安全意识模糊、安全习惯较差，尚未形成正确的安全价值观以及安全行为准则。农民工对自身生命价值的麻木与漠视也是安全事故的一个深层次原因。根据马斯洛需要层次理论思想，安全需要（不受威胁、职业安全、社会保障）是比生理需要（衣食住行）更高一级层次的需要，当低层次的需要获得满足之后，人们才会追求高层级的需要。养家糊口是建筑农民工最基本的生存需要，他们的心理状态大都是多赚点钱，不计脏苦，不注重工作条件和工作环境，这也造成了农民工对自身安全、生命方面态度的麻木。我们以一起真实的建筑安全事故为例：2002年2月20日，深圳市某电厂续建工程发生一起高处坠落事故，造成3人死亡。该主体结构为钢结构，建筑工人们在铺设钢板瓦过程中，铺完第1块板后，没有进行固定又进行第2块板的铺设，并且为图省事，将第2块及第3块板咬合在一起同时铺设。因两块板不仅面积增大且重量增加，操作不便，5名人员在钢檩条上用力推移，由于上部操作人员未挂牢安全带，下面也未设置安全网，推移中3名作业人员从屋面（+33 m）坠落至汽轮机平台上（+12.6 m），造成3人死亡（徐宁霞，2013）。该起事故的主要原因就是建筑工人安全意识淡薄，忽视挂安全带以及在挂安全带后操作不便等情况下，缺乏其他保护措施。

建筑工人的职业技能的培训现状也令人担忧。国家统计局抽样调查结果显示，2013年全国建筑业接受过技能培训的农民工仅占32.7%。从事建筑业的农民工有近58%的人没有相关的职业岗位证书，有54%的人没有参加过相关培训。这都无疑给施工安全带来了巨大的隐患（韩永光，2014）。文化水平低的建筑工人和知识型的白领员工在工作中的态度和行为是存在显著差异的。建筑工人由于文化水平低导致其安全意识淡薄，无视或者忽视自身工作中的安全隐患，施工操作过程中存在侥幸心理，胆大却不心细，施工操作不顾后果，喜欢图方便省事，或者由于施工工期紧、任务重而不顾危险。并且由于建筑工人文化水平低，对其进行安全教育培训的效果也比教育培训知识型员工的效果差许多。建筑工人不听从管理人员的安全提醒和训导，对管理人员当面一套、背地一套的现象层出不穷，结果导致安全管理人员也心灰意冷地放弃对建筑工人进行严格的安全管理。加之目前国内建筑市场相对比较繁荣，建筑工人找工作相对比较容易，如果某个施工单位管得过于严格，工人们就会辞掉工作另寻其他工作机会。因此，国内建筑工人普遍存在缺乏安全知识、安全意识比较淡漠等严峻的问题，建筑工人自身存在的种种问题也是导致建筑安全事故高发的主要原因之一。目前我国的改革开放经济建设已取得初步的成效，国家已具备一定的经济基础，那么过去一味只强调经济建设，在一定程度上对劳动者安全生产问题重视不够的局面应该逐步得到改进。

2. 施工企业原因

首先，目前国内施工企业普遍对安全重视的程度还远远不够，安全投入也严重不足。由于建筑行业竞争激烈，整个行业的平均利润率本来就比较低，由于恶性竞争导致有的施工企业甚至亏本也得干完工程。一些施工单位安全意识薄弱，企业决策者也存在侥幸心理，再加上施工企业在生存线上也没有多少精力顾及安全生产问题，而安全投入是需要资金的，例如四川省明文规定施工项目的安全投入要占到建筑安装工程费用的2.5%。然而建筑企业为了提高利润率，就违反国家政策法规削减安全投入，因此导致安全投入资金不到位，减少安全投入甚至成为施工企业利润挖潜的变相手段。安全投入包括劳动防护用品、安全措施经费以及职业病预防费用等方面，安全投入涉及企业安全管理人员的配备数量和质量、安全技术设备和工具的投入使用以及安全管理的资金投入等多方面，安全投入的减少必然导致建筑工人在施工场所的人身安全保护受到不利影响，因而必然导致安全事故发生率上升。

其次，施工企业普遍存在安全文化欠缺的问题。建筑企业安全文化概括起来可归纳为两个层面，就是物质安全文化和精神安全文化。前者指企业在劳动保护、安全生产、安全生活方面投入的防护工具、设备、设施、防护用品、保健产品、防护、预警、报警装置和仪器等，它是企业安全文化的外在形式和浅层结构。后者是指企业全体员工的安全哲学、安全思维、安全价值观、安全道德规范、行为准则等。它是企业安全文化的内在本质和深层结构（李艳，2006）。从施工企业角度来分析，目前国内大多数企业把经济建设、发展生产摆在第一重要的位置，而一味地追求经济利益就很可能忽视了对劳动者健康、生命的保护，反映在建筑生产等高危领域就更加严重。尤其一些民营建筑企业为了钻国家监管的漏洞更是忽略建筑工人的生命健康安全，私人建筑承包商害怕因农民工工伤死亡事件被追究法律责任而潜逃的事例已屡见不鲜。以一起典型的安全事故为例：2007年3月28日，北京地铁10号线苏州街站塌方并造成6名建筑工人死亡，事发后工地没有报警，而是将工地的大门锁死，所有抢险的工人被要求不得外出，不得向外透露与此事有关的任何细节。当警方接到报警时已是事故发生后8小时，导致错失了抢救时机。工地包工头也因害怕被追究法律责任而逃匿（陈铭，2007）。企业安全文化建设属于企业文化建设的一个分支，与企业日常生产息息相关。而目前建筑企业投入安全文化建设的时间、金钱、精力都非常有限，安全文化的建设还跟不上企业生产的步伐。目前国内建筑承包商企业的安全文化建设大致分成两种情况：一种是企业还没有建立起安全文化建设的概念，企业领导和管理人员也不知道如何通过安全文化的手段去加强企业的生产安全，对工人的安全教育投入等也极其欠缺，一旦发生安全事故则整个企业从上到下都慌乱一片，事后安全处理情况也令人担忧，这种情况在一些中小规模的民营包工头、承包商企业中尤其突出；另一种情况是建筑企业本身是了解安全文化建设的，但是为了争夺项目、抢占本已僧多粥少的建筑市场而忽视甚至放弃了安全文化的建设和管理，安全投入不足，企业制定的安全生产管理和教育制度形同虚设。国家安全生产监督管理局组织的"安全生产与经济发展关系"课题对"企业安全生产投入状况"的调查显示：我国安全人员与投入经费与发达国家相比严重不足，与我国经济的快速发展很不协调，是我国安全事故高发的重要原因之一。在"企业安全生产投入状况"的调查中，建筑业职业病费用占GDP比重的0.017%，安全总投入占GDP比重的0.773%，人年均劳保用品为134.7元。建筑业与采掘业、交通运输业被划为高危险性行业，但劳保用品投入却低于制造业、电力煤气业等一般危险性行业（郑果，2010）。企业领导在思想方面要么就是存在侥幸心理，盲目认为自己的项目不会出安全事故；要么就是存在无可奈何、听天由命的心理。

3. 政府安全管理原因

首先，我国安全监督管理体系并不完善且存在较多管理漏洞，建筑安全监管职能部门的安全监管职责不清，各个部门的职责交叉，管理混乱。建筑安全管理方面有多个部门在管，但管理力度和效果欠佳，有利益时各政府相关部门都去争，有责任时却互相推诿。例如住建部与国家安监局在安全监管方面存在一定的职能重叠。住建部和安监局的职能中，均有针对建筑业安全生产提出和制定重大方针政策和规章制度，负责组织特大生产安全事故调查、处理和结案工作，组织协调特大工程生产安全事故应急救援工作，指导、监督、协调安全生产行政执法工作等内容。从行政职能上看，两部门的设置并未起到权力分散的作用，两部门的工作重心虽然各有不同，比如安监局的生产安全规制重点是在煤矿和非煤矿山等，但建筑业安全规制在其职权范围中又占有一定份额。重复规制可能造成规制过度和滥用，监管责任不明，增加监管成本，削弱规制法制独立性，从而导致政府监管效率降低（宋光宇，2013）。

其次，在具体监管法律条文上也存在安全生产主体权责不明确的弊病。比如我国《生产安全法》第九条规定国务院负责安全生产监督管理的部门依照本法对全国安全生产实施综合监管，县级以上人民政府安全生产监管部门负责辖区安全生产工作。然而《劳动法》第九条也明确提出了由国务院劳动行政主管部门负责全国劳动工作，县级以上地方人民政府劳动行政部门负责辖区劳动工作。这就意味着劳动行政主管部门也有管理安全生产的职能。对于建筑用特种设备的安装、使用安全，《特种设备安全监察条例》规定由建设行政主管部门根据相关法律法规执行规制，而设备的生产、检验由特种设备安全监督管理部门负责，特种设备安全监察中存在的重大问题的协调、解决由各级人民政府负责。对于建筑业从业人员的职业病防治，根据《职业病防治法》规定由国务院卫生行政部门统一负责。然而《社会保险法》则规定国务院社会保险行政部门负责社会保险管理，其中包括工伤保险的征集、管理和发放。我国建筑生产安全规制体系多部门的介入造成了责任界定不清、遇事互相推诿、部门间缺乏配合的现状，行业生产安全规制工作难以顺利展开。

最后，政府安全管理部门缺乏有效监管手段和资源，对建筑企业未能进行有效的指导、协调和监督。由于我国的建筑行业发展迅猛，施工项目多，而政府安全管理部门的工作人员相对少得多。目前没有专门的文件对安全监督机构的人员配置进行专门的规定，包括人员数量、人员资格等。同时经济资源的严重匮乏也制约着安全监督人员的配置和机构的建设。根据住建部对全国的安全监督站进行的调查统计发现，目前全国有近 75% 的安全监督站没有任何财政拨款，经济资源严重不足，很多安全监督站是靠自收自支或收取质量监督费维持运作。据统计，到目前为止全国的安全监督人员不足 15 000 人。而早在 2003 年，全国仅房屋建筑的施工面积就超过了 25 亿平方米，即一个安监人员要监督的住宅就超过了 16 万平方米，而在经济发达的省份这个数值可能在 50 万平方米以上（黄钟谷，2008）。近十多年来我国房地产业以及建筑业发展迅猛，据统计，2013 年全国建筑业房屋建筑施工面积达到 113 亿平方米（赵惠珍等，2014），然而政府部门安监人员并未成比例地增长。因此政府安监公务员没有精力和时间对每个项目进行检查，只能随机抽选项目进行检查。即使政府公务员下到工地检查，也只是随机翻阅工程资料，再到工地现场简单看看，因此安全检查也仅仅是流于形式，很多安全问题还是无法发现，监管效果欠佳。另外，国内建筑领域还是存在一些腐败现象，例如在建筑安全监管方面，某些施工企业或业主、政府公务员拉关系的现象还屡见不鲜，导致政府公务员对项目安全问题视而不见，采取大事化小、小事化了的不负责任的态度，对出现安全管理问题的施工企业和业主该重罚却轻罚甚至不罚，导致有法不遵、执法不严，安全管理法规政策形同虚设，最后受到损害的其实就是广大的建筑工人这个弱势群体。当发生重大建筑安全事故时一般死伤的都是建筑工人，而目前国家法律对公务员的失职渎职的惩处相对并不严厉，公务员最严厉的处罚就是被免职或者开除公职，真正被判刑入狱的还是极少数。所以由于政府公务员失职渎职的成本较低，加上施工企业和业主给公务员行贿的巨大利益的诱惑，导致建筑安全监管力度大打折扣，最后引发了令人担忧的不断攀升的安全事故率和建筑工人伤亡率。

4. 施工外界环境原因

从建筑施工本身的行业特点来分析，建筑业也是安全事故高发的行业。这是由于建筑项目处在复杂的外界环境下，且危险源密集，施工危险性相当大。

首先，建筑施工一般都是露天作业，露天作业量占总量的 70%，以重体力劳动为主。高强度的劳作、噪声、有害气体、热量、尘土、夜间照明、恶劣天气等因素使得建筑工人体力和注意力下降，都会增加施工的危险性。其次，工程项目施工须流水作业，因而各不同工序都让施工现场发生完全不同的变化。当施工进程深入下去，现场条件可能会从地下的几十米深度到地上几百米的高度。在施工进程中，周围环境、作业条件、施工技术等也一直在改变，安全问题也在不断改变，因而也造成安全问题复杂难控。再次，建筑施工过程中存在交叉作业多、施工作业面狭窄等危险隐患集中的情况。由于工期以及施工条件制约，多班组、多工种须在同一狭窄作业面内同时进行，有限的工作场地须汇集众多的工人、材料、机械设备等进行立体交叉作业，因而造成有限空间内危险源密布，容易发生安全事故。最后，由于人机混合作业，容易导致机械伤害。诸如塔吊、混凝土搅拌设备以及钢筋切割设备等具有一定危险性的施工机械设备在施工过程中使用频繁，从而导致事故隐患密集，危险性增大。

1.2 研究目的和研究价值

1.2.1 研究目的

据统计，作为建筑安全主体的建筑工人，其不安全行为是安全事故发生的最主要原因，占80%以上（李慧，张静晓，2012）。那么要减少建筑安全事故的发生率就必须研究如何控制和抑制建筑工人生产过程中的不安全行为。目前学界对建筑安全事故的分析更多从宏观的管理角度深入，从微观的行为角度关注还存在大的探索空间。本书研究的核心问题和目的就是要探索出消极安全结果（如工伤等）以及安全行为到底受哪些因素的显著影响，以及其影响方式、影响程度。对于施工企业来说，需要对显著影响消极安全结果的因素进行有效管理以达到降低工伤率的目的。本书的主要研究目的归结为以下几点：

1. 建立建筑工人安全结果理论模型

通过对大型施工企业建筑工人的问卷调查和访谈，确定影响建筑工人安全结果的关键因素。在确定影响建筑工人安全结果的关键因素的基础上，建立“安全氛围→安全行为→安全结果”理论模型，并进行理论检验，保证理论的准确性。

2. 提出降低建筑工人伤亡率和损失的具体措施

鉴于目前建筑行业较高的伤亡率，建筑行业安全管理水平的提高还存在较大的空间。本书基于统计实证分析的结果，力图有针对性地提出如何科学地降低建筑工人伤亡率和损失的具体措施，避免大而空地泛泛而谈。本研究力图为建筑企业和政府安监部门提供科学的降低工伤和损失的具体管理措施和政策建议，以帮助施工企业和政府安监部门有针对性地进行建筑安全管理和提高安全管理水平。

1.2.2 研究价值

2011年9月召开的国务院常务会议讨论通过了《安全生产“十二五”规划》，重点分析了安全生产工作在“十二五”时期面临的严峻形势和挑战。目前我国城镇化进入快速发展时期，生产安全事故频发，安全事故总量仍然庞大，建筑行业是具有代表性的高危行业，因此本研究的主要价值体现在以下两个方面：

1. 理论价值

（1）实证研究消极安全结果的发生机制

本研究从理论上探索影响安全结果的重要因素，并深入分析消极安全结果的发生机制。虽然国内也有学者在研究建筑安全领域，但并未专门以安全结果作为实证研究对象，因而与我们的研究有很大区别。所以，本研究课题具有一定的理论价值。

（2）建立完整的“安全氛围→安全行为→安全结果”的理论模型

以往的研究主要在探究各行业的安全氛围的结构问题（如核工业、医疗行业），也有学者在力图探索某个行业的安全氛围与安全行为的内在联系。而本研究建立了完整的“安全氛围→安全行为→安全结果”的理论模型，这也是对安全领域研究的一个积极的贡献和扩展。

2. 实际应用价值

本研究的结果可以引起施工企业和政府安监部门对控制建筑工人不安全行为的重视，还能为企业如何有效管理和控制工伤损失提供理论指导，企业可以基于研究结果有针对性地控制施工人员不安全行为相关影响因素，以有效减少建筑工人的伤亡率。基于国务院已通过的《安全生产“十二五”规划》以及建筑行业高达四千万的建筑工人的背景下，通过研究建筑工人的不安全生产行为机理，用于科学指导如何选聘建筑工人和安排建筑工人具体工作、培训建筑工人、改进企业内部安全管理方法、优化政府安监部门监管政策等，为建筑企业完善内部安全管理措施和方法以及政府安全监管部门完善安全监管机制提供科学的依据和理论指导。

总之，安全生产是建筑工人生命权益保障的最重要的课题，相信本书研究成果对建筑企业提高安全管理水平能起到一定的实践指导作用。

1.3 研究方法

本书结合实证研究与规范研究，按照“文献阅读与访谈—命题提出—形成假设—调查数据—实证分析（证实或者证伪假设）—得出结论”的研究思路。遵循该研究思路，本书主要采用文献研究、问卷调查研究和统计分析等方法，而实证研究方法是本书拟采用的主要研究方法。下面对本书所采用的研究方法的操作过程进行扼要地介绍，详细描述见本书的相关章节。

（1）文献研究法：回顾和梳理本领域的学术文献，即利用大学图书馆所提供的丰富的文献资源和数据库系统，对大量相关中外文献进行跟踪和阅读，并思索和总结相关已有的研究成果和研究进展。进而提出安全结果的理论框架和理论模型，并对各假设进行理论论证。

（2）问卷调查法：建立理论模型之后，主要通过问卷调查的方法获取原始数据以进行理论验证。拟选择大型建筑企业的建筑工人作为调研对象，通过发放问卷的方式收集数据，利用一手数据验证理论模型和假设。

（3）统计分析法：本研究拟采用 SPSS 18.0 软件及 AMOS 17.0 软件作为统计工具，利用 SEM 方法验证总体理论模型和基本假设。首先利用 SPSS 软件进行数据基本描述分析、探索性因子分析、信度分析等；再次利用 AMOS 软件进行区分效度分析，并进行验证性因子分析；最后采用 SEM 模型检验本研究中提出的整体理论模型及各项具体假设。

1.4 技术路线

本书对建筑工人生产过程中的不安全行为进行研究，在综合分析建筑工人生产过程中的不安全行为的有关理论基础上，提出建筑工人不安全行为的定义、特点、研究范畴，设计拟定建筑工人不安全行为以及安全结果问卷，对建筑工人不安全行为以及安全结果等项目进行调查分析，对安全结果进行深入的研究和量化分析，最后采用结构建模分析，并得出研究结论。本书研究立足于大样本问卷调查，实证研究与理论研究相结合，研究技术路径如下展开（参见图 1-3）。

概括而论，本书研究的总体思路是先进行文献研究和定性研究，在此基础上提出有一定创新性的理论模型，然后通过问卷调查访谈的方法来获取一手数据，对理论模型进行检验，研究哪些管理手段对改善安全结果能产生显著的效果。最后对研究结果进行理论探讨，并分析如何有效控制建筑工人不安全行为，降低建筑工人伤亡率。

1.5 研究内容、框架和创新点

1.5.1 研究内容、框架

本书的框架是根据研究问题和研究内容设计的，图 1-4 显示了本书的具体章节安排以及主要研究内容。

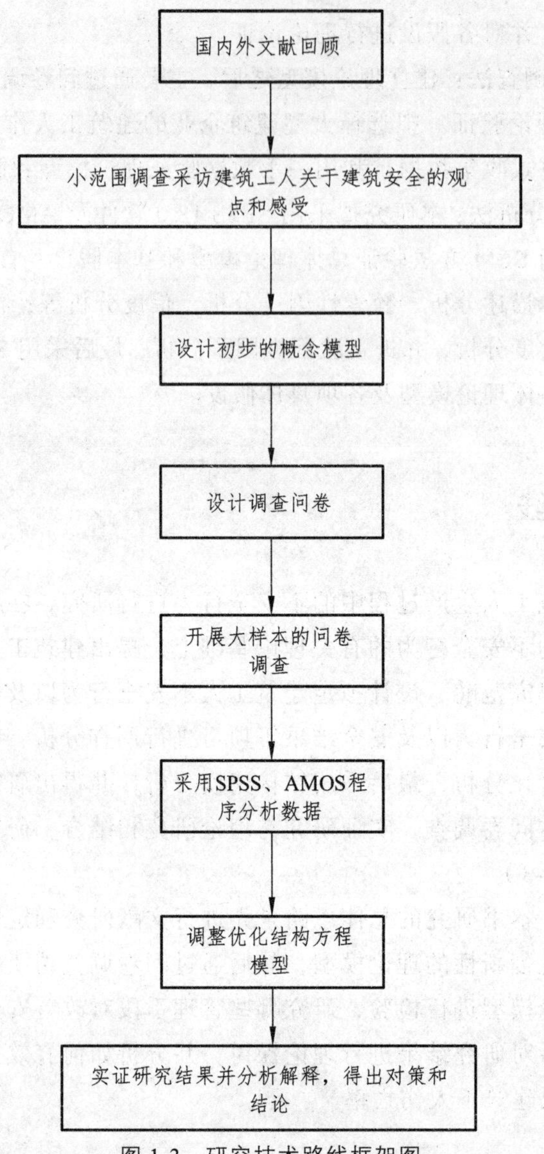

图 1-3　研究技术路线框架图

第 1 章：绪论。主要论述本书的研究背景、研究目的与研究意义，并简要介绍主要研究方法与技术路线，最后是整篇文章的结构和内容安排以及创新点。

第 2 章：文献综述。主要阐述与本研究有关的理论与文献，包括安全氛围的概念与测量文献、安全行为的概念与测量文献、安全结果的概念与测量文献的研究述评。本章为全书的文献基础和理论依据。

第 3 章：相关理论综述与选择。本章重点对以下两个方面的理论进行回顾和述评：一是行为学主要理论；二是安全行为与安全结果主要理论。本章旨在对相关理论进行系统性的回顾和综述，并从上述相关理论中得到启示，在借鉴相关理论的基础上提出了本书的逻辑研究框架。

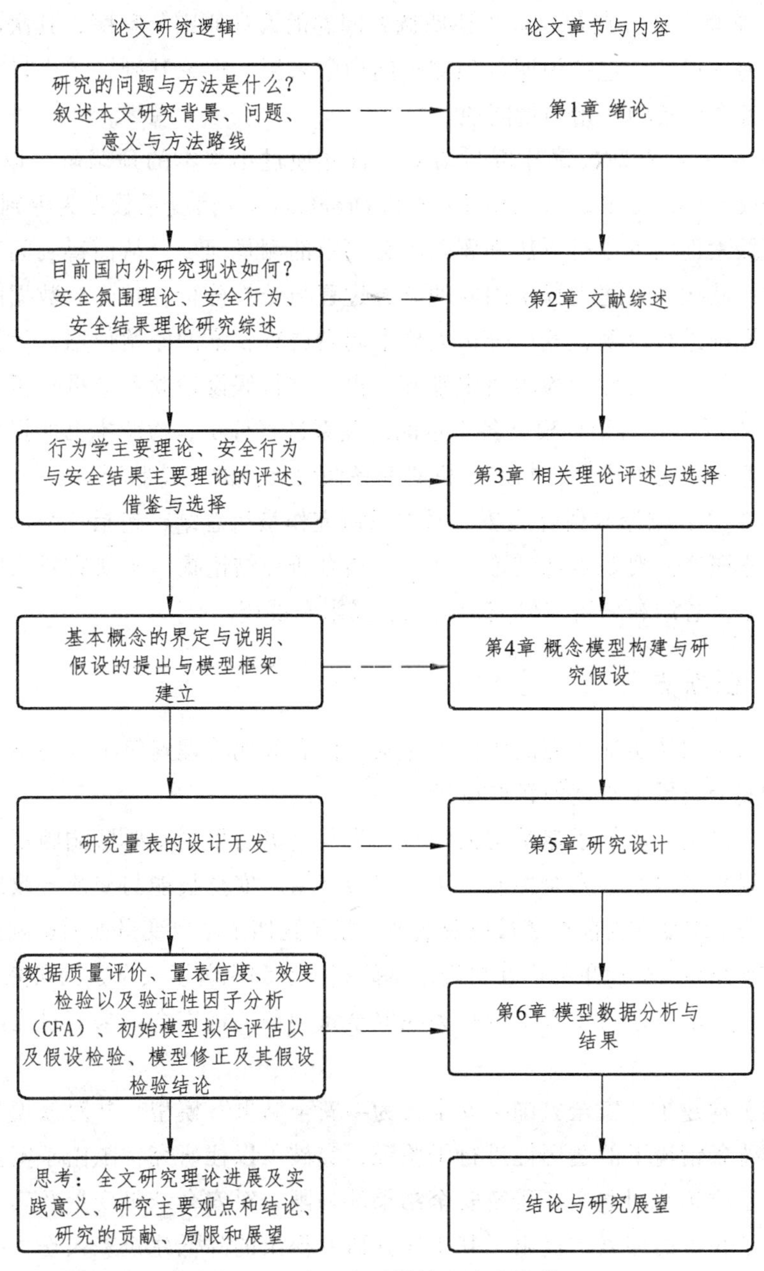

图 1-4　本研究的结构和内容安排

第 4 章：概念模型构建与研究假设。在文献研究基础上，结合调研访谈，对每个潜变量进行了定义和解释，形成研究框架，并提出本书的研究命题和假设以待后文进行实证分析。

第 5 章：研究设计。首先说明调查问卷的设计原则与程序；其次阐述量表是如何形成的，包括说明各项测量问项的来源、理论基础、产生过程以及编制的各个变量的初始测量问项。

第 6 章：模型数据分析与结果。首先通过小样本的预调研，以 CITC（Corrected Item Total Correlation）值和 Cronbach's α 信度系数作为评判标准，并利用探索性因子分析方法来删除不合要求的测量问项，从而得到问卷的最终版本；其次，论述大样本问卷的调查过程与结果分析，首先对数据的收集过程和原则进行说明，然后分析大样本问卷调查收集的原始数据，计算测量的信度和效度，为假设检验奠定基础；再次进行假设检验和结果分析，主要通过 AMOS 软件对结构模型各变量间的关系进行分析，检验本书所提出的假设与理论模型是否成立，判定分析研究各假设具体的支持状况。

第 7 章：结论与研究展望。对本书研究作最后总结，包括三个部分：首先归纳本研究主要观点和结论；其二，结合研究结论提出本研究对实践的启示；其三，总结和分析本研究的贡献、局限和展望。

1.5.2 创新点

本书试图从实证研究的角度去探索如何有效地管理建筑工人的不安全行为以及安全结果，研究创新点在于：

（1）提出并验证了建筑工人安全行为与消极后果的主要影响因素。具体来说，提出了以企业安全控制、工人消极情绪、安全技能与交流、政府安全管理等四个维度作为前导变量以及实证考察了这四个主要变量如何影响建筑工人安全行为和消极后果的内在机理。本研究丰富和完善了安全氛围研究领域。

（2）揭示了建筑工人安全行为在安全氛围和消极安全结果变量之间的中介效应。

（3）构建了“安全氛围→安全行为→安全结果”模型，并对该模型在中国特殊背景情境下的适用性进行了验证，突破了以往研究文献由于安全结果数据难于收集而回避实证研究安全结果的局限，对安全结果变量及其作用机理进行了积极的探索，提出了基于实证研究得出的降低建筑工人伤亡率的具体举措。

2 文献综述

本章将从安全氛围、安全行为以及安全结果等方面的相关研究文献入手，在借鉴、吸收前人研究成果的基础上，形成本书的研究思路和方法。

2.1 建筑施工安全管理的相关研究综述

2.1.1 施工安全事故原因分析

1. 建筑施工项目自身特点

建筑业由于自身特点而成为了高危行业，包括露天施工作业，工期长，并且受气候条件影响显著，施工流动性大，施工环境变化频繁。工程建设安全事故主要以高处坠落、施工坍塌、物体打击、机具伤害和触电等五大类型为主（杨莉琼等，2013；张守健，2006；陈其志，张建设，2007）。因此董大旻将施工安全事故多发的原因之一归结为是建筑项目本身特点导致危险源多并且易于集中。从 20 世纪六七十年代起西方学界就已着手探索建筑安全领域。美国国家安全委员会公布的 1997 年报告调研结果显示，美国的建筑工人仅仅是全美国劳动职员总量的 5%，然而建筑工人的伤亡率却远远高于该比例，即高达全美国工伤伤亡总数的 20%。Kartam 和 Bouz（1998）调研得出科威特的建筑业工伤状况十分严峻，工伤事故率竟然达到 42%。而我国香港的建筑业工伤状况同样不容乐观，Tam 和 Fung（1998）调研结论是以往 10 年里该地区伤亡事故率也高达三分之一。MOM（2001）调研得出新加坡建筑工人仅仅约占到全国产业工人总量的 29%，然而建筑业因工伤亡的建筑工人比例却高达四成。这些令人担忧的数据都揭示了建筑业因其本身的高危性特点而导致比一般行业更频繁和严重的不良的安全生产记录。

2. 安全生产管理体制问题

Abdelhamid 等（2000）介绍的多米诺骨牌理论中提出，主要存在 5 大因素发生连锁反应从而最终导致事故发生，这 5 大因素按照连锁反应的先后顺序排列分别为社会环境和管理上的缺陷、人为过失、人的不安全行为或物质机械危险、意外事件、人身伤害或意外损失。这五个因素存在相互依存制约以及内在的因果关系，构成五因素连锁反应事故。对安全事故的根源进行追踪，发现安全事故的爆发绝非单个因素造成，并且大多与管理不善有关。引发安全事故的多种原因中，人员因素不可忽视，人的问题主要包括安全意识淡漠，因缺乏安全培训导致安全知识以及安全技能匮乏，从而导致在劳作过程中不规范的安全行为（杨世军等，2013）。这些反映在施工人员思想上、行为方面的问题，是传统安全管理范畴所不能完全涵盖的，也与员工的社会文化背景有一定关联。为了解决以上问题，我们不能局限于传统安全管理，必须从新的视角去看待，把安全放置在文化视角中进行探索。Ngowi 和 Rwelamila（1997）指出，建筑安全事故之所以频发，主要在于业界普遍认为安全与健康只是承包商的责任。张仕廉和桑锋（2009）也将施工安全事故多发的重要原因归结为安全生产管理体制问题。

从以上分析可以看出学者们已经注意到在建筑业中事故频发的重要原因之一就是把安全仅仅看作是承包商的责任，那么本研究将致力继续深入研究政府安监部门在施工安全中的主要责任以及他们如何做出有效规避安全事故的决策选择。

2.1.2 施工安全管理途径研究

1. 施工企业内部安全管理角度

Levetti 和 Parker（1976）认为要降低安全事故率，企业管理决策最高层的作用是相当大的。研究得出如果公司对新员工进行规范的安全教育培训，则相比不重视新员工安全教育培训的公司，其综合安全素质表现会得到显著的提高。项目经理在施工安全管理中的作用也是相当重要的，他必须在项目施工之前做足周密谨慎的安全计划工作，才能保障建筑工人有效率地安全操作。Hinze 是美国最早潜心关注研究建筑安全管理领域的知名学者，他从 1978 年开始对该领域进行了系统的研究，提出安全监控是非常必要的，企业领导现场检查频率与员工伤亡率是反向相关的（Hinze，1978）；设置全时的公司安全经理是很有必要的（Hinze，1978）；如果增加安全监理的工作压力，则会导致安全状况更差（Hinze，1978）；安全员如果过度激励工人开展生产比赛，安全事故率反而会升高（Hinze，Gordon，1979）；如果安全员与下级相处融洽且善于沟通解决有关问题，那么安全事故率将有所下降；如果赋予工长权力过大，比如有权解聘建筑工人，则安全事故率会增加（Hinze，Harrison，1981）。另外也指出了要降低安全事故率，则企业决策层必须积极支持安全工作，监理人员必须经常在工地举行安全会议，施工企业的安全管理工作也必须得到有效监控（Hinze，1978）。Jannadi（1996）认为以下因素能显著影响施工安全：① 工作条件的安全性；② 安全培训；③ 安全文化；④ 对分包商的监控；⑤ 监督员工；⑥ 合理分配安全责任。清华大学华燕和王际芝（2003）指出安全标准化管理十分重要，标准化安全管理的层级分为两级，即企业总部层次和项目部层次，并就如何分级开展标准化管理工作提出了详细举措。Sai 等（2004）研究了基于 Web 的安全与健康监控系统。

2. 宏观安全管理角度

一些学者深入探索了宏观建筑安全管理模式，OSHA 在 1999—2002 年战略部署中规划了三大战略：改进工作场所的安全与健康情况，营造良好的安全文化，提升公众印象。英国 HSE 的 1999—2002 年战略计划中强调规划五个工作要点：工作场所卫生条件的改善，高危场所的安全改良，中小企业的安全改善，共同参与，加强官方相关部门的公开性与义务责任。Blair（1996）认为从全面安全管理角度出发，业主、设计方、承（分）包商、政府以及保险公司等所有参与方都对安全问题须承担责任。Cambatese 等（1997）则提出了设计安全的理念，认为设计方在降低安全事故率方面发挥的作用也是不容忽视的，设计方在设计过程中也必须重视安全问题。诸如英国等西方发达国家在建筑安全管理领域贯彻立法执法的强大社会管理功能，依靠法律强制力制定并推行安全管理系统的标准。还有部分研究学者从另外的视角即经济的视角去探索如何降低安全事故损失。Ebohen 等（1999）阐述解释了为何建筑安全法规在业界没能得到相应的尊重和重视，并比较了经济方式与安全法规这两种方法的优劣。Clayton（2002）指出各个国家都依靠法规和经济激励两种手段来管控职业安全问题，研究了经济激励手段发挥的作用角色，并深入探索了最重要的经济激励手段——劳工补偿保险。Calcott（2004）采用博弈理论分析了安全警告与管制信息的作用，假设官员能在获取完全信息且比普通居民更为谨慎的状态下，授予官员安全管制权利是有帮助作用的。Shavell（1983）建立数学模型进一步分析得出单纯的政府管制不能把事故的风险减到最低限度，因为管制者不具备完美信息；仅靠民事责任追究也无法达到满意效果，只有两者共同使用才可避免单独使用的缺陷，进而改进安全管制效果。

有些学者从建筑安全管理的目标、方针和原则等角度探索了符合我国基本国情的安全管理体制，对我国建筑安全中目标管理、事故造成的损失等进行了研究（方东平等，2005；何厚全等，2013）。龙英和刘长滨（2005）从均衡理论、对策论、政府经济学和保险学等经济学视角剖析了建筑安全事故发生的根源和对策。陈红卫（2005）回顾我国建筑安全管理的历史，指出了须遵守以人为本的当代安全管理思想。潘承仕和张仕廉（2003）剖析了目前我国建筑安全管理机构现存的主要症结问题，初步构建了新的适合我国国情的建筑安全管理机构体系。董大旻和左芬（2009）深入探索了建筑业安全管理系统，重点研究了日常安全管理信息化。陈宝春（2011）从政府安监部门的角度，分析了政府监管在法律法规、监督力度及监管手段等方面的不足之处，并对比分析美国、英国及我国香港地区的建筑安全监管模式，阐明了发达国家和地区在安全监管方面的可取之处。曹冬平和王广斌（2007）以及申玲等（2010）运用静态博弈方法研究了承包商在安全投入与政府安全监管部门之间的关系。郑爱华和聂锐（2006）采用博弈论方法剖析安全投入的实行和监管问题，提出政府监管还需要付出相当大的代价，所以如果要改进企业安全投入状况，政府须采取各种激励引导方法，加强企业投入动力，从而减少政府监管成本。目前有关对建筑工人进行安全监管研究的文献很少，也非常缺乏定量的研究，因此本研究力图在一定程度上扩展施工安全监管的研究范围和研究深度。

2.2 安全氛围的相关研究综述

2.2.1 安全氛围的概念

研究安全行为则必然提到安全氛围的概念。学者们在研究组织氛围的过程中又创立了安全氛围的概念(Halperin, McCann, 2004; Abudayyeh 等, 2006; Gurcanli, Mungen, 2009)。以色列学者 Zohar（1980）是首位进行安全氛围研究的学者，他指出安全氛围是组织员工对安全的关注，并且该关注是整体性知觉。Neal 等（2000）认为组织氛围的特殊形式之一就是安全氛围，安全氛围能够解释员工个体是如何认知安全价值的。一般来说，安全氛围就是安全文化的快照，它可以通过定量的方法进行测量（Fang 等，2006）。

安全氛围指人们对安全的态度和沟通，它可以用来量度和评价企业的安全文化。许多发达国家如美国、英国等已采用安全氛围工具测量员工的安全心理、行为等，为企业的安全文化建设提供科学的参考依据。氛围是指人们对工作环境的感觉之总和，它概括了员工对企业的经验和体会，是他们经历事件在感情上的反映。安全氛围则是指人们对工作安全的感觉之总和，通过安全氛围问卷，收集和度量人们对发展安全文化思维的信念、价值观、态度及感觉，也就是度量个人当时对安全的心理氛围，并把它们收集和归纳，以反映企业层次的安全氛围现象（张静，2008；Seo 等，2004；Saurin 等，2008）。

表 2-1　安全氛围的概念定义总结

作者	定义
Zohar（1980）	雇员们对工作场所的共同感知
Glendon（1982）	安全氛围属于组织氛围的一种特殊形式，是雇员们看待组织机构中影响安全行为的众因素的方式
Brown & Holmes（1986）	个人或组织对特定事物的看法或信仰
Dedobbeleer & Beland（1991）	雇员们对工作环境安全状况的总的观点看法
Cooper & PhiliPs（1994）	安全氛围是雇员对工作场所环境的安全的共同看法或信念
Niskanen（1994）	安全氛围是组织机构内可观测的安全特性，它受组织政策的影响
Coyle et al.（1995）	测量安全与健康方面的态度
Cabrera et al.（1997）	雇员们对工作环境、安全政策的共同观念
Williamson et al.（1997）	雇员对组织的安全信仰以及安全伦理
Flin, Mearns, Gordon & Fleming（1998）	组织内员工共享地看待风险和安全的态度、价值观和信念
Cheyne, Cox, oliver, Tomass（1998）	雇员共同的安全知觉，属于安全文化的特定状态
Flin, Mearns, Connorr, Bryden（1998）	某特定时期雇员的安全态度和知觉，属于安全文化的表象特点
Mearns, Flin, Whitaker（2000）	雇员对工作环境的安全认知的反映

2.2.2 安全氛围的维度研究

有关安全氛围的研究大多集中在相关构面的分析上。Zohar（1980）对以色列 20 个工业企业的 400 位劳工进行问卷调查，归纳出 8 个安全氛围构面，即安全训练、管理层安全态度、安全行为影响升迁、工作场地风险水平、要求工作场所安全的效果、安全员的组织地位、安全行为影响地位、安全委员会的重要性。Glendon（2001）用 Zohar 的问卷调研了美国的 425 名产业工人并力图证实 Zohar 的安全氛围模型，他把原先的八因子模型精简为三个因子：管理态度、管理行动以及风险水平，并且还研究出过安全事故的群体和未出过安全事故的群体在安全感知方面的差异。Diaz 和 Cabrera（1997）通过调研西班牙航空公司，总结出了安全氛围 6 个构面，即企业安全政策、生产力与安全的矛盾、整体安全态度、预防策略、工作场所安全水平、安全水准感知。Hayes 等（1998）从五个不同方面评价了员工对工作中安全的认知，它们是工作安全、工作伙伴安全、监督者安全、管理阶层安全实务、安全方案满意度。Siu 等（2003）提出了组成安全氛围构念的一系列广泛的因素，包括个体对待安全的态度、安全交流、安全设备以及个人体质状况等。方东平和陈扬（2005）总结了建筑业安全文化与安全氛围的区别和联系。游旭群等（2005）对航线飞行安全文化特征评价方法进行了因素分析。高娟和游旭群（2007）提出应关注研究安全氛围的因子结构以及安全氛围对安全行为的影响机理。然而学者们针对安全氛围概念的通用的一套潜在因素至今还未达成一致。也有研究结果表明已获得的安全氛围因子结构针对不同的行业或不同的群体样本会有所不同，甚至不同的测量工具也会对安全氛围的概念有明显的影响（Huang 等，2006；Melia，2008；Dedobbeleer，Beland，1991）。

近年来，安全氛围的研究主要有以下四个方向：第一是设计心理测量工具以确认潜在的因子结构（Brown，Holmes，1986；Coyle 等，1995；Dedobbeleer，Beland，1991；Garavan，Obrien，2001）；第二是发展和测验安全氛围的理论模型以确定安全行为和事故的决定因素（Cheyne 等，1998；Neal 等，2000；Prussia 等，2003；Thompson 等，1998；Brown，Willis，2003）；第三是检查安全氛围认知和实际安全行为的关系（Teo，Ling，2006；Mohamed，1999；Gillen 等，2002）；第四是研究安全氛围与组织氛围之间的关系（Silva 等，2004）。对安全氛围维度的研究至今尚未完全统一结论，安全氛围维度随行业的不同而有所不同。

细化到建筑行业的安全氛围维度，至今学者们仍然在不懈地探索其主要维度。Nicole（1991）提出建筑工地的安全氛围的两大因素应为管理层的义务和工人的参与。Glendon（2001）通过调研道路施工企业总结出了六个安全氛围因子：交流和支持、完整的程序、工作压力、个人保护设备、关系、安全规则。Sherif（2002）也识别了建筑工地环境的10个安全范围维度。

2.3 安全行为的相关研究评述

安全行为专业概念首先由国外学者提出，从20世纪六七十年代起，西方学者开始关注并深入探索建筑安全管理领域，近年来越来越关注安全行为方面的探索，已开始从不同视角对安全行为进行研究，归纳起来主要集中在以下几个方面。

2.3.1 有关安全行为概念的研究

研究安全行为则必然提到安全氛围的概念。安全氛围的概念起源于对组织文化和组织氛围的研究，较早的研究有Zohar（1980）定义安全氛围为“雇员对有关组织安全方面的统一认知”。此后，又有一批学者包括Hoffman和Stetzer（1996）、Neal（2000）、Fuller和Vassie（2001）、Cooper和Phillips（2004）也不断修校该定义，但安全氛围的核心本质并未改变。安全氛围的重要性在于它预测安全行为的能力。因此安全氛围的研究又引发学者们探索安全氛围和安全行为之间的联系，探索安全氛围如何影响安全行为的文献还鲜见于文献，但还是有部分学者一直致力于探索安全氛围和安全行为的关系（Havold，Nesset，2009；Teo，2005；Vredenburgh，2002），也取得了一些积极的研究成果。Cohen和Jensen（1984）定义安全行为是“在行动方面遵从企业安全程序”。

目前安全行为研究方法主要分成两大类：一类是观察法，它属于客观测量的方式，观察而得的指标为客观指标；另一类是自陈法，即被试者自我报告，这属于主观测量的方法，所对应的指标也属于主观指标。观察法是研究人员客观地观察记录被试者所表现的行为，如记录员工的安全行为与不安全行为，收集相关数据，并计算相关指标来判断员工行为是否符合安全规则的实际状况。安全行为百分比（proportional Rating seale，pRs）是学界常用的评价与测量指标，它计算的是工人安全行为占其全部行为的比例。当然这些行为数据是由经过专业培训的观察人员去实际记录被试者在某段时间内安全行为与不安全行为的次数而获得。张江石（2006）也曾利用观察法收集行为数据以计算定量的安全行为指标，并进而去探究安全氛围与安全行为之间的作用机制。自陈法是通过访谈和问卷调查的方式，由被试者向研究者如实报告自己的行为或者他所了解的同事的行为，研究者再通过收集整理相应数据来判断员工行为安全性的真实状况（梁振东，2013）。观察法与自陈法都存在某些不足之处，如自陈法中被试者可能由于社会赞许等因素而主观夸大某些行为从而导致数据不够准确。而在观察法中，被试者由于知晓自己的行为正在被研究人员观察记录而刻意表现，从而导致行为数据不够真实。目前研究人员还常使用的安全行为测量指标主要有自我事故报告和工伤数据，但由于工伤数据是企业的保密资料，因此难以收集，而自我事故报告数据的准确性和真实性又无法得到保证。尽管如此，研究人员还是在利用这些数据来探索安全氛围和安全绩效之间是否存在因果关系。还有一种行为研究方法叫行为抽样方法，它是从全部员工行为中抽取样本行为进行重点观测。当然这种方法也存在某些缺点，比如测量成本高，易打扰被试者的正常工作。总之，行为测量主观指标由于易操作而受到研究者的欢迎，但由于具有一定的主观性而不够准确。而行为测量客观指标虽然准确性有所提升，但操作过程复杂烦琐，使得相当多的研究人员望而却步。因此可以断定目前所有的安全行为测量方法都存在缺陷（赵显，2009）。

2.3.2 有关安全行为测量的研究

对安全行为的测量也一直存在相当的难度。传统的方法是依赖安全事故统计数据（Chhokar，Wallin，1984），也有通过安全行为抽样观察的方法（Vassie，1998；刘雰等，2011），还有通过一些指标包括经验修正率、事件率、意外伤害率、记分卡等来测量安全行为（Tholen，Pousette，2013；Probst 等，2013）。近年来对安全行为的维度研究趋向为多维度，Griffin 和 Neal（2000）将安全行为维度细分为安全遵守和安全参与两个方面。Borman（2002）把安全行为区分为两类：一类称为安全服从，指个人需要执行和维持工作场所安全的核心活动；第二类称为安全参与，它虽然不直接有助于个人安全但能有助于培养形成安全的环境。目前还是有部分学者一直致力于探索安全氛围和安全行为的关系，也取得了一些积极的研究成果。Seo（2005）收集了来自美国粮食产业工人的数据，并且推断安全氛围是不安全的工作行为的早期指示器，安全氛围主要通过三种方式影响安全行为：① 通过其他调节变量间接地影响安全行为（Leung 等，2012）；② 通过直接影响因子从而再影响安全行为（Hsu I et al.，2012）；③ 直接影响安全行为（Seo，2005；Zhou，2008）。Eagly（1993）描述了作为安全氛围的维度之一的雇员安全态度能够影响其安全行为并解释了其具体影响方式。Beatriz（2009）等研究表明安全行为的改进能大幅度减少安全事故、工人安全赔偿成本以及保险费用。传统的安全事故预防强调事故本身及管理方式，着重设备、防护、环境等外因条件的分析和研究（Zohar，Luria，2003；Tarcisio 等，2008；Gambatese，Hinze，1999），对操作者的安全价值观和心理因素及行为规律的分析和研究却很薄弱（Johnson，2007；DeArmonda，2011）。行为理论提出关注安全行为可以使冒险行为频率下降，进而导致减少意外事故与伤害（Choudhry，Fang，2008；Griffin，Neal，2000；Wallace，Chen，2005）。因此，研究建筑工人的不安全行为以及控制是防范降低安全事故发生率并改进安全生产形式的有效方法（李慧，张静晓，2012；李昆等，2013）。Fernandez-Muniz 等（2007）以工业工人为研究对象，探索了安全管理各主要要素，包括态度、行为、管理者承诺、雇员参与以及安全绩效之间的内在联系，发现雇员参与与安全绩效之间的关系呈现出显著正向相关关系（相关系数为 0.13，$P < 0.1$），但管理者承诺与行为之间却并不处在显著的正向相关关系，如图 2-1 所示。

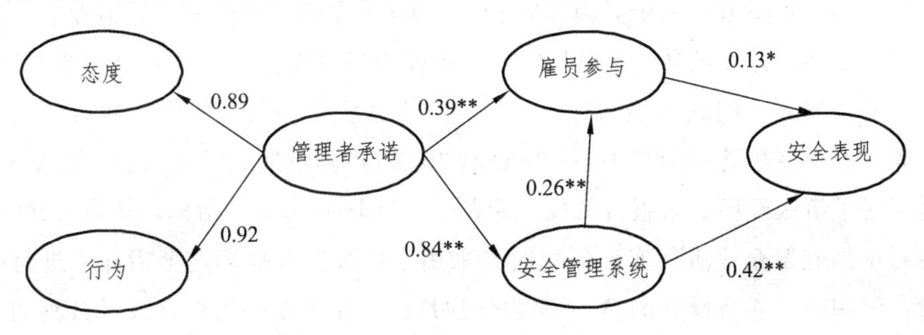

图 2-1　职业安全管理系统测量模型

注：*表示 P＜0.1，**表示 P＜0.05

2.3.3 建筑工人安全行为的研究

具体到建筑领域，各专家们的研究结论并不一致，甚至截然相反。Neal等（2000）以路桥施工企业为调研对象，但研究结果却未能证实安全氛围与安全行为之间存在必然联系。相反的 Sherif（2002）以建筑工地为调研对象，采用结构方程模型证实了安全行为就是既有安全氛围的结果，因此改进安全氛围是减少安全事故的有效途径。Zhou 和 Fang（2008）以建筑工人为研究对象，通过建立贝叶斯网络模型证明安全氛围要结合个人经验因子才能最有效地影响安全行为。Clarke 等（2006）也实证验证了建筑工人心理因素与安全行为存在直接和间接的关系。陈大伟（2010）以建筑工人作为试验对象，对行为安全方法（BBS，Behavior Based Safety）实施中的培训方法、关键行为确认、观察方法三个主要环节进行观测。

2.4 安全结果测量的相关研究综述

近年来实证研究雇员的安全结果的文献也有增长趋势。Smallman（2001）指出安全事故会导致企业的形象和声誉受到负面影响，甚至会引起企业的公共关系的恶化。Keith（2009）研究安全结果时采用安全记录的方法，引入 EMR（实践改进比率）、IRI（发生率记录比率）指标来度量安全结果。Sharon（2010）在考察安全结果时采用了雇员睡眠障碍疾病、身体疾病、压力症状、心理疾病等指标进行计量。Omosefe（2011）在对建筑业的安全管理研究中，将安全结果作为因变量，并将其划分为损伤记录、报告自身损伤情况以及差点出事情况、工作时间损失三个方面。Yueng（2006）在调研分析来自制造业、服务业以及交通运输业的数据，把伤害发生率作为考察安全控制的一个主要维度，并向雇员问卷询问其工伤状况，但结论却发现企业的安全氛围与雇员的工伤之间并不存在显著的因果关系。Tahira（2013）在测量造纸厂工人安全结果时，则考虑了事故经历、未报告的安全事故、工作场所伤害等指标。周全（2009）在对中国施工企业进行实证研究时，采用了自报告事故率这个指标来进行测量，其调查问卷所设计的 3 个问题分别是：以往工作中是否有被料具刮到身体的经历；以往施工时是否曾被砸伤；以往施工时是否曾摔伤。

除了研究建筑工人的安全结果，也有学者把目光转移到研究企业的安全业绩，如 Beatriz（2009）收集了来自工业和服务业以及建筑业的数据，考察企业安全业绩时考虑了保险成本、安全事故、损失、负债、法律成本、旷工、医疗成本等指标。董大旻和冯凯梁（2012）在研究高危企业的安全绩效时，也将事故损失作为其主要考察指标。

2.5 文献研究总结评述

1. 不能照搬国外已有研究成果应用到我国施工安全管理实践当中

总结前文已有文献的研究成果，不难看出现有的研究成果国外的文献针对的研究对象是建筑工人，国外学术界研究该问题更关注人的因素，但针对建筑领域的建筑工人的安全氛围的维度指标仍然未能达成一致结论，界定也比较模糊；国内相关研究对人的关注明显比较缺乏，其相关研究成果还鲜见于文献。而我国的建设管理体制与国外的区别较大，建筑企业的安全文化与安全管理制度与国外的企业也有显著的差异。而且国内的建筑工人主要是农民工，这也是我国的一个特殊的社会现象，我国建筑农民工与发达国家经过正规培训的建筑工人对待安全问题的差异应该是显著的，照搬国外的研究成果和结论而用于我国的企业实际管理中是不科学的。因此，本研究拟探索我国建筑工人安全结果理论模型，拟确定适合我国国情的建筑工人的安全氛围维度指标，探索安全氛围与安全行为以及与安全结果之间的关系，这也是相当具有研究意义和价值的。

2. 已有文献缺乏对安全结果机理的定量研究

由于安全结果的数据是涉及企业机密的内部资料，大多数企业并不愿意向外界透露企业内部真实的安全事故状况、员工伤亡率等敏感数据，因而搜集难度较大。不仅是建筑施工企业的安全结果数据难以搜集，诸如制造业、核工业等其他行业也同样存在这个问题，因而造成学界对安全结果的机理缺乏系统的研究，相关文献和研究成果也很少，有些具体行业领域甚至没有这方面的研究成果。本书旨在探讨研究建筑业建筑工人消极安全结果的机理，这也是在补充前人研究漏洞方面迈出了有意义的前进步伐。

3. 已有文献缺乏对安全氛围、安全行为与安全结果关系的系统全面研究

现有文献研究成果集中在各行业领域中的安全氛围与安全行为之间的关

系研究，也有少量文献研究了安全氛围与安全结果之间的关系，但还没有全面系统地研究安全氛围、安全行为与安全结果三者之间的定量关系的文献。本书以建筑业为研究背景，旨在把安全氛围、安全行为与安全结果三者有机地融入同一系统中，去探索三者之间的结构定量关系，这也是尝试对现有文献的不足做出建设性的补充。

3 相关理论综述与选择

3.1 建设项目风险管理理论综述与选择

3.1.1 建设项目风险的内涵

对于建设项目来说，风险可以被描述为任何可能影响建设项目目标实现的因素，是指预期后果中出现变化的不确定性，这种影响可能是不利的，也可能是机会。项目风险主要包含三个基本因素：① 风险因素存在的不确定性；② 风险事件发生的不确定性；③ 风险后果的不确定性。风险因素指任何影响项目目标实现的可能来源，也称作风险源；风险事件是指任何影响项目目标实现的可能发生的事故，风险事件是由各种风险因素引起的，并且其发生是不确定的，它是由项目外部环境的变化、项目本身的复杂性和人们对客观世界变化的预测能力有限而导致的；风险事件发生后对项目目标实现所造成的影响是不确定的，这些影响是一种潜在的损失或收益，但对于建设项目来说发生风险事件的后果往往是灾难性的。

建设项目从决策、实施到竣工验收，需要一个较长过程。在整个过程中的不同阶段，项目主要面临的风险因素和风险带来的损失不同，风险管理的重点、方法以及投入水平也会有很大差异。在建设项目的全生命周期中，每一种风险因素出现概率的变化规律差异很大，建设项目各风险因素在各阶段的变化规律如图 3-1 所示。

从图 3-1 可以看出，人身风险、技术风险、责任风险在建设项目实施阶段都达到了峰值，建设项目实施阶段主要包括了施工安装阶段以及生产准备阶段等子阶段。而建筑工人的生产活动主要集中在建设项目实施阶段，因而重点管控建设项目实施阶段的各种风险才能有效地降低安全事故率以及建筑工人的伤亡率。

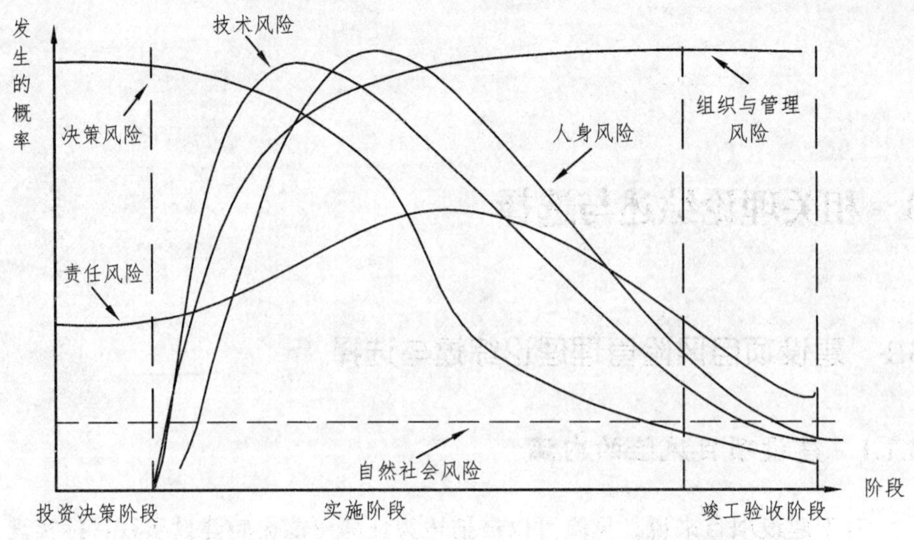

图 3-1 建设项目各阶段风险因素出现概率变化曲线

3.1.2 风险管理的概念

风险管理是项目管理的一个分支。Williams 和 Heins（1976）认为风险管理是通过一系列技术手段对项目风险进行的识别、衡量和控制活动，从而以最少的成本达到风险最小化目标的科学合理的方法。美国项目管理协会(PMI)在其颁布的《项目风险管理分册》(PRAM）中指出，风险管理是全生命周期的管理，是从项目的根本利益出发，采取一系列技术手段对项目的风险进行识别、评估和管理的活动。随后，Chapman（1998）对风险管理进行了更为细致的定义，他指出风险管理是管理主体对风险进行的识别、分析和评估，并在此基础上，利用回避、减少、分散或转移等风险管理方法和技术对风险进行有效的控制，有效、妥善、合理地处置、安排风险事件造成的损失，以合理的成本保证预定目标的实现。

国内学者对风险管理的定义基本与国外学者相同，邱苑华（2003）认为风险管理是项目管理人员对可能造成项目发生损失的不确定性风险事件进行预测、识别、分析和评估并在此基础上进行有效的处置，在成本最小化的约束条件下保障项目顺利完成的科学管理方法。王卓甫（2003）在风险预测、识别、分析、评估的基础上加入了风险监控，他认为工程项目的风险管理是工程项目管理人员通过风险识别、风险评估、风险分析、风险应对和风险监控等方法和技术，以最小成本最大化地实现项目目标的管理方法。陆惠民（2002）认为工程项目的风险管理是业主、承包方、勘察设计和监理咨询单位等工程项目参与方在工程项目全生命周期内（包括策划、勘察设计、施工、竣工验收、试运行、正式运行等）采取的识别、评估、处理工程项目风险的措施和方法。

3.1.3 风险管理过程

国内外几大项目管理机构，包括 PMI、IPMA、APM 和中国的 PMRC 等对风险管理过程都有着具有代表性的不同的认识，下面将逐一介绍：

（1）PMI（美国项目管理协会）在 PMBOK（项目管理知识体系）中将风险管理过程概括为风险管理计划—风险识别—风险定性分析—风险定量分析—风险应对计划—风险监测与控制等六个过程。

（2）IPMA（国际项目管理协会）与 PMI 相比，减少了风险管理计划，在 ICB（项目管理专业资质标准）中指出风险管理包括风险识别—风险分类—风险量化—风险应对—风险监控等五个过程。

（3）APM（英国项目管理协会）对风险管理过程的定义完全不同于 PMI 和 IPMA，该组织认为风险管理过程包括定义—集中—识别—结构—所有权—估计—评价—计划—管理等九个过程。

（4）PMRC（中国项目管理研究会）与 PMI 相似，该组织认为项目的风险管理包括风险管理规划—风险识别—风险评估—风险量化—风险应对计划—风险监控等六个过程。

除了上述四个具有代表性的项目管理机构提出的风险管理过程的定义外，也有一些学者也从不同角度阐释了风险管理过程。Boehm（1991）认为风险管理过程包括风险评估和风险控制两个阶段，第一阶段包括风险辨识、风险分析和风险排序，第二个阶段包括风险管理计划、风险处置、风险监控。值得注意的是，Chapman（2001）认为风险管理过程包括风险分析和风险控制；Delcano（2002）认为风险管理过程包括启动、权衡、维护、学习等四个过程，其中启动包括参数、项目、过程、团队四部分内容，权衡包括识别、建模、估计、评价、平衡等五部分内容；Fairley（1994）指出风险管理过程包括识别风险因子、度量风险概率及其后果、制定风险应对方法和策略、监控风险因子、启动紧急计划、处理危机以及从危机中复苏七个过程；Chapman

和 Ward（1997）认为风险管理过程包括定义关键域、制定应对策略、识别风险源、构建风险假定和关联信息、指定风险责任和应对措施、估算不确定程度、评价风险间的关联度、制订应对计划，以及监控和控制风险九个步骤。毕星和翟丽（2000）认为项目的风险管理过程包括风险识别、风险分析与评估、风险处理、风险监视四个阶段；沈建明（2004）将项目风险管理过程划分为风险规划、风险识别、风险估计、风险评估、风险应对、风险监控六个阶段。

3.1.4 风险管理的方法

风险管理方法也在不断发展完善，从简单、定性的分析方法逐渐发展为复杂、定量的分析方法。目前风险管理的方法主要包括智暴法、德尔菲方法、核查表法、影响图分析法、故障树法、层次分析法、蒙特卡罗模拟法、模糊集理论、贝叶斯方法和灰色系统理论等。

（1）智暴法又称头脑风暴法，它与德尔菲法是应用较为普遍的定性分析方法。核心思想是利用专家经验，通过会议、讨论等形式集中专家的智慧，是获取关于风险信息的一种主观性较强的风险管理方法。

（2）核查表法也是利用经验进行风险管理的一种方法。它是根据风险管理人员自身的关于工程项目风险管理的经验或者参考、借助他人的经验，归纳和总结出工程项目的风险因素并绘制成表，并对比目前项目所处的环境，找出项目可能出现的风险。国内外学者对核查表法的应用较为广泛，祝迪飞等（2006）运用核查表对奥运场馆进行了风险管理分析，构建了相应的风险表，Zou 等（2007）等均将核查表法应用于项目的风险管理中。

（3）影响图分析法是贝叶斯概率论与图论结合的产物，以概率估计和决策分析的图形展现。影像图分析法不仅能够进行风险识别，同时还可以进行风险估计和评价，是较为实用且运用范围较广的风险分析工具。胡云昌等（1998）在分析海洋平台的安全风险时运用了影像图分析法。

（4）故障树分析法（Fault Tree Analysis，FTA）与上述风险管理方法最大的不同点是其从结果寻找原因，在此基础上分析原因与项目风险结果的因果逻辑关系。故障树分析法是建立在预测和识别潜在风险因素基础上的一种借助逻辑推理方法，沿着风险产生的路径，获取风险发生概率，提供风险控制方案的分析方法。FTA 的分析结果系统性强、准确性高、表现形式形象化并具有预测性，在风险管理界得到广泛应用。赵振宇等（2002）将故障树分析法应用于工程项目风险管理，建立了相应的风险故障树，以识别项目的风险因素；张晓峰等（2005）首先运用故障树分析法评价工程施工风险，然后借助 PERT 计算机仿真技术构建了评价施工进度风险的 PERT 网络仿真模型。

（5）模糊集理论（Fuzzy Sets Theory）可以有效克服无法量化的障碍，能够有效描述风险因素的影响程度，得出有价值的结论。工程项目实践中，各种事件发生的概率不尽相同，同时损失结果也不能全部量化，这就为风险管理造成了障碍，模糊数学知识能够有效解决此类问题。模糊集理论涵盖多种模糊数学方法，包括模糊评价、模糊聚类分析和模糊推理等，这些方法能够有效应用于风险管理中的风险识别和风险评价，也是目前工程项目风险管理界较为广泛应用的方法之一。Lee（2003）将模糊集理论应用于工程项目的安全风险管理中。

（6）贝叶斯概率方法是一种修正理论，它是将得到的客观的、准确的样本信息修正已形成的主观判断和直觉，以提高风险管理的准确性。Wang（2007）利用贝叶斯理论对大型项目的风险进行了分析；贾焕军（2005）对贝叶斯理论应用于工程建设项目进行了探讨。

（7）灰色系统理论（Grey System Theory）结合自动控制理论和运筹学方法，对广泛存在的灰色性问题进行研究。在社会实践中，随着涉及范围的扩大，影响因素的增多，有些信息无法准确获得，就会形成部分信息已知，而部分未知的系统，灰色系统理论就是针对这种系统提出的一种解决方法。李丹和袁永博（2007）、张新立和杨德礼（2006）、谢琳琳和傅鸿源（2005）等均运用灰色系统理论对工程项目风险评估问题进行了研究，并利用实际工程项目进行了验证。

3.1.5　风险管理文献简评和启示

国内外相关资料显示，在众多专家学者的不断探索和努力下，对风险管理问题的研究无论是理论水平还是实践应用都取得了长足的发展。但是由于不同的国家经济环境、政治环境、人文环境具有很大差异，同一国家不同经济发展阶段，风险因素也在不断变化，并且不同经济领域的风险也各具特点。因而至今还没有完善统一的风险管理方法可以应用。建设项目在风险管理方面的研究和应用起步较晚，同时由于我们国家市场经济进程中不断涌现出国内外研究领域从未面对的新问题。因此，需要在借鉴国外先进理论基础上，结合我国建设项目的实际情况，发展创新适合中国国情以及符合建设项目特点的风险管理方法。

1. 风险的度量以定性方法为主，在风险的定量研究方面还很薄弱

多数风险研究仍然以定性研究为主，涉及定量研究仍然困难重重。随着某些计算方法的日趋成熟和计算机的广泛应用，风险管理以定性研究为主的局面将被打破，定性与定量相结合的研究方法将是今后风险管理的发展方向。此外，目前关于风险的度量研究多数集中在对风险因素的识别、度量和评价，关于风险损失的度量方法和研究严重匮乏。建设项目风险管理的产出分析与评价，必须基于建设项目风险损失的度量，在这种情况下，如何评价尤其是定量评价建设项目风险损失的问题亟待解决。

2. 关于建设项目安全风险管理的研究有待完善

目前，尽管国内外对建设项目安全风险管理的研究已开始关注，但这方面的研究成果相对匮乏，主要原因之一是建设项目安全风险管理的数据难于收集。现阶段建设项目安全风险管理的研究文献也集中在宏观管理研究以及理论模型研究，而基于实证数据的建设项目安全风险管理还有待进一步深入探索。

3.2 行为学主要理论综述与选择

3.2.1 行为决策理论

行为决策理论始于阿莱斯悖论和爱德华兹悖论的提出，该理论针对理性决策理论的不足而另辟蹊径。行为决策理论的研究范式为：提出有关人们决策行为特征的假设（证实或证伪所提出的假设）得出结论。行为决策理论的主要内容包括：

1. 人的理性介于完全理性和非理性之间。即人是有限理性的，因为在高度不确定和极其复杂的现实决策环境中，人的知识、想象力和计算力是有限的。

2. 决策者在识别和发现问题中易受知觉偏差的影响，在对未来的状况作

出判断时，直觉运用多于逻辑运用。所谓知觉偏差，是指有限的认知能力导致决策者仅把问题的部分信息当作认知对象。

3. 受决策时间以及可利用资源的限制，决策者即使充分掌握决策环境的信息情报，也只能尽量了解各备选方案的状况，而无法做到全部了解，决策者选择的理性是相对的。

4. 风险与经济利益相比较,决策者对待风险的态度起着更为重要的作用。决策者厌恶风险，倾向于接受风险较小的方案，尽管风险较大的方案可能带来更高的收益。

5. 决策者往往只求满意的结果，而不愿费力寻求最佳方案，其原因有多种：

（1）决策者没有继续进行研究的积极性，只满足于在现有的可行方案中进行选择；

（2）决策者本身缺乏有关能力，出于个人某些因素的考虑而作出选择；

（3）由于评估所有的方案并选出最佳方案需要花费大量的时间和金钱，这对于决策者来说可能得不偿失。

行为决策理论抨击了把决策视为定量方法和固定步骤的片面性，主张把决策视为一种文化现象。

3.2.2 理性行为理论

理性行为理论简称 TRA（Theory of Rational Attitude），是由美国学者 Fishbein 和 Ajzen 提出的，它测量消费者的信念、态度和意愿，阐明了预测行为的方法。

理性行为模型如图 3-2 所示，理性行为理论模型包含了认知因素、情感因素和行为因素。该理论认为，行为是由意愿引起的，而行为意愿是两个基本决定要素的函数，一个是个人对行为的态度，另一个是反映社会影响的主观规范变量之间的关系。个人对于行为的态度越正向，则行为意愿越高；反之，当个人对于行为的态度越负向，则行为意愿越低。个人的行为意愿还受到主观规范影响，主观规范越正向，则行为意愿越高，反之，主观规范越负向，则行为意愿越低。理性行为理论有两项基本假设（Ajzen，Fishbein，1980）：

（1）一个人大部分的行为表现是在自我意志的控制之下，且合乎理性；

（2）一个人是否采取某种行为的意愿是该行为发生与否的立即决定因子。

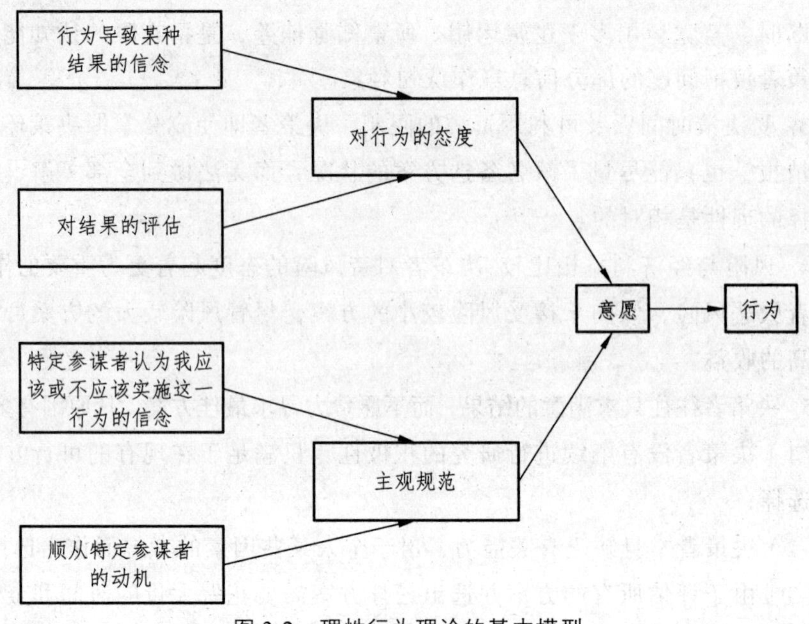

图 3-2 理性行为理论的基本模型

资料来源：Ajzen Icek & Fishbein Martin

3.2.3 计划行为理论

计划行为理论（Theory of Planned Behavior，TPB）有助于理解人是如何改变自己的行为模式的。TPB 认为人的行为是经过深思熟虑的计划的结果。

1. 计划行为理论的提出

计划行为理论是由 Icek Ajzen 提出的，是 Ajzen 和 Fishbein 共同提出的理性行为理论（Theory of Reasoned Action，TRA）的继承者。因为 Ajzen 研究发现人的行为并非完全出于自愿，而是处在控制之下。所以他将 TRA 予以扩展，增加了新概念自我"行为控制认知"（Perceived Behavior Control），继而演化成新的行为理论研究模式——计划行为理论。

2. 计划行为理论的内涵

计划行为理论主要观点如下：

（1）非个人意志完全控制的行为不仅受行为意向的影响，还受个人能力、机会以及资源等实际控制条件的制约，在实际控制条件充分的情况下，行为意向直接决定行为；

（2）准确的知觉行为控制反映了实际控制条件的情况，因此它可作为实际控制条件的替代测量指标，直接预测行为发生的可能性（如图 3-3 虚线所示），预测的准确性依赖于知觉行为控制的真实程度；

（3）行为态度、主观规范与知觉行为控制是决定行为意向的 3 个主要变量，态度越积极、重要他人支持越大、知觉行为控制越强，行为意向就越大，反之就越小；

（4）个体拥有大量有关行为的信念，但在特定情境下仅有相当少量的行为信念能被获取，这些可获取的信念又叫突显信念，它们是行为态度、主观规范与知觉行为控制的认知与情绪基础；

（5）个人以及社会文化等因素（如年龄、性别、人格、智力、经验、文化背景等）通过影响行为信念间接影响行为态度、主观规范和知觉行为控制，并最终影响行为意向和行为；

（6）行为态度、主观规范和知觉行为控制从概念上可完全区分开来，但有时它们可能拥有共同的信念基础，因此它们的关系既彼此独立，又两两相关。

用结构模型图表示计划行为理论如图 3-3 所示（为了方便，在此只呈现模型图的主要部分）。

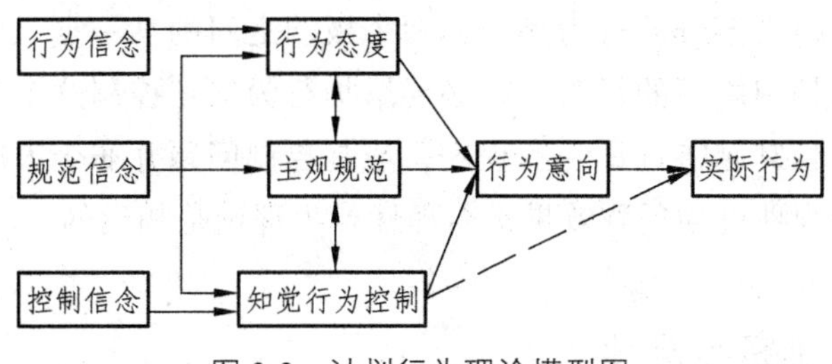

图 3-3　计划行为理论模型图

3. Ajzen 的计划行为理论的五要素

（1）态度（Attitude）是指个人对某行为所持的正面或负面的感觉，也指个人对特定行为的评价经过概念化之后所形成的态度。因此，态度的组成成分常被视为个人对此行为结果的显著信念的函数。

（2）主观规范（Subjective Norm）是指个人对于是否采取某项特定行为所承受的社会压力，亦即在预测他人行为时，那些对个人行为决策具有影响力的个人或团体（Salient Individuals or Groups）对于个人是否采取某项特定行为所发挥的影响作用大小。

（3）知觉行为控制（Perceived Behavioral Control）反映个人过去的经验

和预期的阻碍，当个人认为自己所掌握的资源与机会越多、所预期的阻碍越少，则对行为的知觉行为控制就越强。而其影响的方式有两种，一是对行为意向具有动机上的含义；二是其亦能直接预测行为。

（4）行为意向（Behavior Intention）是指个人判断其采取某项特定行为的主观概率，它反映了个人对于某特定行为的采行意愿。

（5）行为（Behavior）是指个人实际采取行动的行为。

Ajzen 认为所有可能影响行为的因素都是经由行为意向来间接影响行为的表现。而行为意向受到三项相关因素的影响：其一是源自于个人本身的态度，即对于采行某项特定行为所抱持的“态度”；其二是源自于外在的“主观规范”，即会影响个人采取某项特定行为的“主观规范”；最后是源自于“知觉行为控制”。

通常个人对于某项行为的态度越正向，则个人的行为意向越强，对于某项行为的主观规范越正向时，则个人的行为意向也会越强，而当态度与主观规范越正向且知觉行为控制越强的话，则个人的行为意向也会越强。反观理性行动理论的基本假设，Ajzen 主张将个人对行为的意志控制力视为一个连续体，一端是完全在意志控制之下的行为，另一端则是完全不在意志控制之下的行为。而人类大部分的行为落于此两个极端之间的某一点。所以，要预测不完全在意志控制之下的行为，有必要增加行为知觉控制这个变项。不过当个人对行为的控制越接近最强的程度，或是控制问题并非个人所考量的因素时，则计划行为理论的预测效果是与理性行为理论是相近的。

3.2.4 对本研究的启示

本书也从以上相关行为学主要理论中得到了启示。根据行为决策理论的观点，人的理性介于完全理性和非理性之间，即人是有限理性的。决策者在识别和发现问题中容易受知觉上的偏差的影响。而建筑工人也是有限理性的个体，在其生产工作过程中也必然会出现某些非理性的不安全行为，这是无法避免的，我们也只能做到尽量减少建筑工人的不安全行为，要完全杜绝建筑工人的不安全行为在理论上是无法达到的。其次，建筑工人在劳作过程中也容易受知觉上的偏差的影响，导致其判断失误，采取了错误的工作方式方法，从而酿成了安全事故。

根据理性行为理论以及计划行为理论，个体行为受到执行行为的个人能力、机会以及资源等实际控制条件的制约。个人以及社会文化等因素（如人格、智力、经验、年龄、性别、文化背景等）通过影响行为信念间接影响行为态度、主观规范和知觉行为控制，并最终影响行为意向和行为。受以上理论启发，本书也致力于探索建筑工人的安全行为模式到底受哪些外界因素的影响以及影响程度如何，即按照外界影响因素→安全行为的逻辑思路来定量探索建筑工人安全行为的发生机理。当然外界影响因素涵盖建筑企业、政府管理以及建筑工人个体等多方面的因素，为了简洁，可以用安全氛围一词来指代。因而本书研究内容之一就是拟探索安全氛围与安全行为的逻辑关系，如图 3-4 所示。

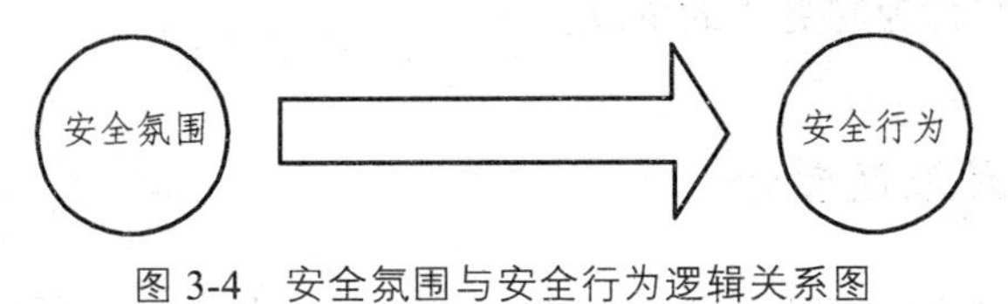

图 3-4　安全氛围与安全行为逻辑关系图

3.3　安全行为与安全结果主要理论综述与选择

3.3.1　人的事故频发倾向理论

英国的格林伍德（Greenwood）和伍兹（Woods）通过统计大量工厂里伤亡事故发生次数以及分布情况，结果发现工人中的某些人较其他人更容易发生事故。1939 年法默（Famer）等人提出了事故频发倾向的概念，认为少数工人具有事故频发倾向，是事故频发倾向者。所以，预防事故的重要措施就是进行人员筛选，通过严格的生理、心理检测优化企业人员结构，解聘事故频发倾向者。该理论是把人作为一种潜在的危险源看待，并采取措施来降低危险和预防事故的一种早期理论，它的不完善之处在于并没有系统地指出所有危险源的种类，而仅把它局限到一部分人身上。

3.3.2　目标-自由-警惕性理论

目标-自由-警惕性理论（Goals-Freedom-Alertness Theory）是由 Kerr 最先提出的解释事故发生原因的理论。目标-自由-警惕性理论的观点是：安全工作是有益的心理工作环境的结果。该理论认为，事故是由有害的心理工作环境所引发的低质量的工作行为的结果，而这种环境不能使人保持高的警惕性。它认为，设定可行目标后应该给予工人高度自由去完成工作，将获得高质量的作业。高警惕性产生高水平的作业和无事故的行为。这个理论的本质是管理层应当为工人设定明确的目标，并给予工人充分自由，结果工人就会集中精力完成该目标。工人的这种专注将会减少事故发生的可能性。根据 Kerr 的理论，有益的心理环境是指工人自己设定一些可行的目标，并且自由地选择适宜的方法完成这些目标。他们必须有机会参与发现和解决工作中出现的问题。Kerr 认为这种参与会使工人保持警惕性，也能导致高质量的生产、安全的工作行为和更少的事故。

3.3.3 事故因果连锁论

1941 年，美国工程师 Heinrich 在其著作《工业事故的预防》中第一次提出了著名的事故发生的连锁反应图（图 3-5 所示）。Heinrich 在该书中阐述了事故发生的因果连锁论、事故致因中人与物的问题、事故发生频率与伤害严重程度之间的关系、人的不安全行为产生的原因、安全管理工作与企业管理工作之间的关系、安全管理与控制工作的基本责任以及安全生产之间的关系等工业安全范畴最基本、最重要的议题。他认为，社会环境和传统、人的失误、人的不安全行为和事件是导致事故的连锁原因，就像著名的多米诺骨牌一样，一旦第一张倒下，就会引发第二张、第三张直至第五张骨牌依次倒下，最终导致事故和相应的损失。Heinrich 还强调，消除人的不安全行为和物的不安全状态是控制事故发生以及减少伤害损失的关键环节，即抽取第三张骨牌就能避免第四张和第五张骨牌倒下。Heinrich 从物理学的作用和反作用的角度解释事故，指出事故是一种失去控制的事件，并首次提出了人的不安全行为和物的不安全状态的概念，阐明了工业安全工作的中心是消除人的不安全行为、机械设备和环境的不安全状态。Heinrich 认为人的不安全行为是导致大多数工业事故的原因，他概括出人员产生不安全行为的主要原因有：

① 不正确的态度

② 缺乏知识或操作不熟练

③ 身体状况不佳

④ 物的不安全状态及物理的不良环境

控制该类危险源则可以采取4种有效的方法（3E原则）：

① 工程技术（Engineering）方面的改进

② 对人员的说服教育（Education）

③ 人员调整

④ 惩戒（Enforcement）

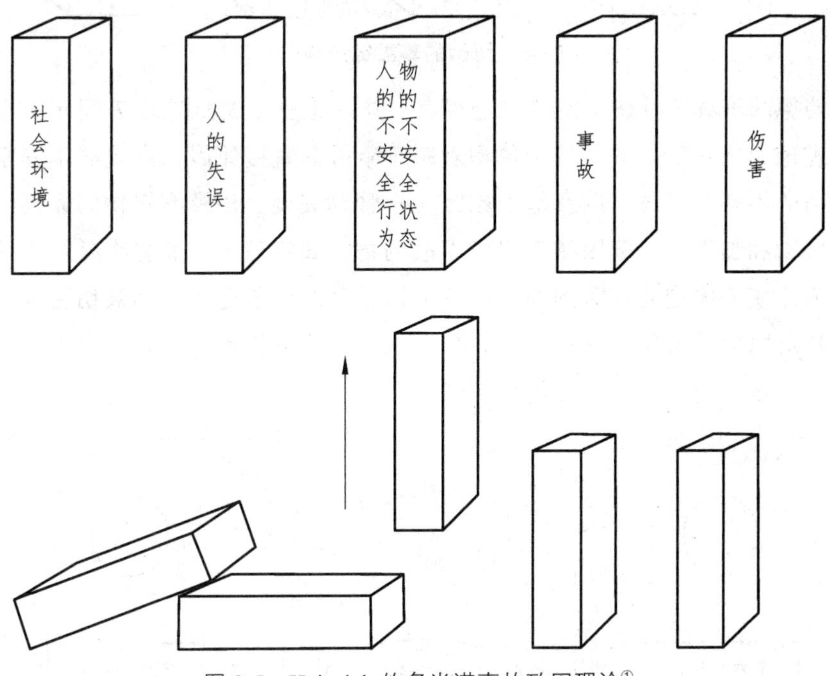

图3-5　Heinrich的多米诺事故致因理论①

Heinrich 的理论被称为工业安全公理，进一步阐述了人与物的问题是危险产生的根本原因，他总结的危险源到目前还被学界认同和大量引用。

在 Heinrich 事故因果连锁论的研究基础上，博德提出了现代工业生产条件下的事故发生和演变连锁关系（如图3-6所示）。博德的事故链理论要点可以概括为：事故的发生不是一个孤立的事件，尽管事故发生可能在某一瞬间，却是一系列互为因果的事件相继发生的结果。事故的发生是由事故链中的各个环节的依次作用，表现了事故的组成要素及其连锁反应。这些相继发生的事件环环相扣，像链条一样彼此关联，若抽出其中任何一个环节，事故就不会发生。

① 资料来源：张守健. 工程建设安全生产行为研究[D]. 上海：同济大学，2006.

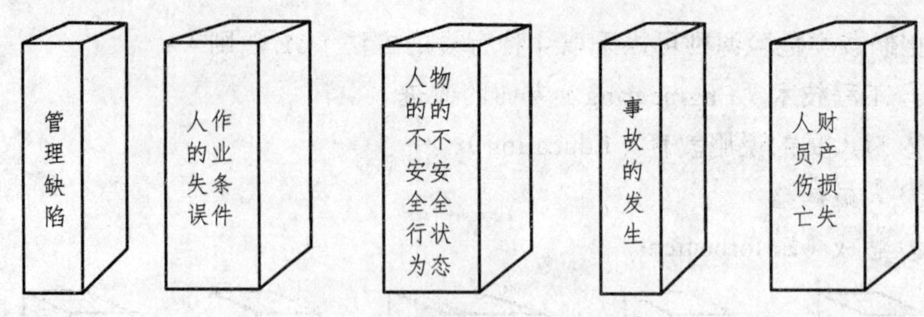

图 3-6　博德的事故链结构图①

博德的事故链反映了现代安全观点，并由此演变成如图 3-7 所示的事故致因理论。博德事故致因理论模型着眼于事故的直接原因，即人的不安全行为和物的不安全状态，以及基本原因——管理失误。该模型把物的原因细分为起因物和加害物。起因物为引发事故的物，如机械等；加害物是指直接作用于人体使人体遭受伤害的物。而人的因素又细分为行为人和被伤害人。安全评价对物的分析集中在加害物，而对人的因素分析要集中在行为人上，这同样是构建评价指标体系的理论基础。

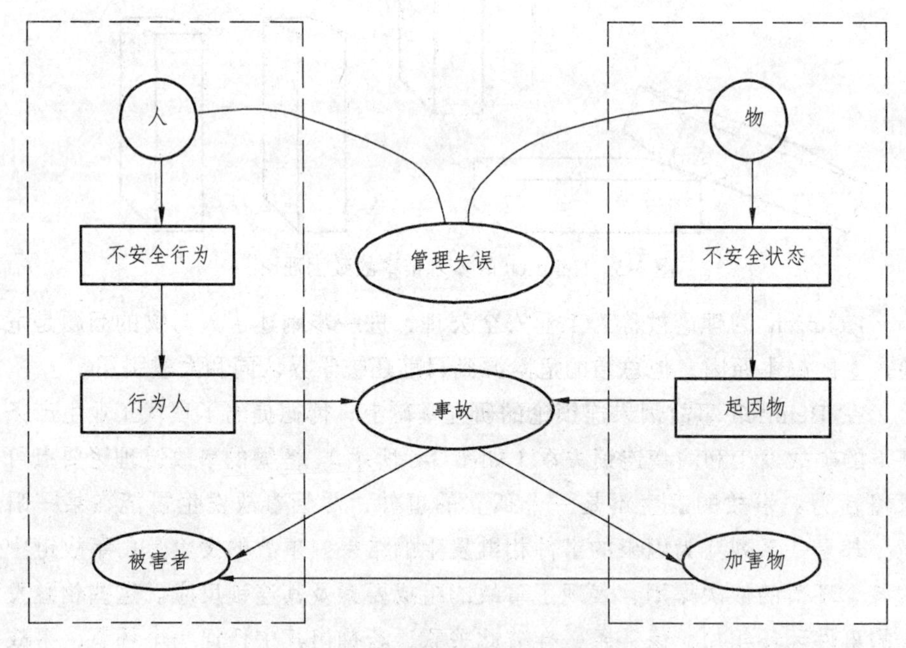

图 3-7　现代事故致因理论模型

日本的北川彻三认为工业伤害事故发生的原因很复杂，企业是社会的一部分，地区乃至国家的政治、经济、文化、科技发展水平等众多社会因素也对企业伤害事故的发生和预防有着相当重要的影响。北川彻三对 Heinrich 的理论进行了修正，提出了另一种事故因果连锁理论。该模型以表格的形式给出（如表 3-1 所示）。

事故的间接原因包括技术、教育、身体、精神上的原因。技术原因指机械、装置、设施的设计、建造、维护有缺陷，教育原因指因教育培训不足而导致人员安全知识及操作经验的缺乏，身体原因指人员的物理身体状况不佳，精神原因主要指人员的不良态度、不良性格、不稳定情绪。

表 3-1　北川彻三事故因果连锁表

基本原因	间接原因	直接原因	事故	伤害
学校教育的原因 社会和历史的原因	技术的原因 教育的原因 身体的原因 精神的原因 管理的原因	不安全行为 不安全状态		

而事故的基本原因是管理、学校教育、社会和历史的原因。管理原因指领导者不重视，作业标准不明，制度有缺陷，人员安排不当；学校教育原因指教育机构的教育不充分；社会和历史的原因指安全观念落后，法规不全，监管不力。

在北川彻三的因果连锁理论中，基本原因中的各个因素已经超出了企业安全工作的范围。但是，充分认识这些基本原因因素，对综合利用可能的科学技术、管理手段来改善间接原因因素以达到预防伤害事故发生，这也是十分有建设性的意义。

也有研究者从人机工程学的角度来看待该问题。他们在 Heinrich 事故致因理论的基础上，综合考虑了其他因素，提出了在人—机—环境系统中，事故发生的因果关系（如图 3-8 所示）。

该理论指出，在人机协调作业的建设工程施工过程中，人与机器为了完成任务目标，既各自发挥自身作用，又必须相互联系，相互配合。这一系统的安全性和可靠性不仅取决于人的行为，还取决于物的状态。通常大部分安全事故发生在人和机械的交互界面上，人的不安全行为和机械的不安全状态是导致意外伤害事故的直接原因。所以，工程建设中的风险不仅有赖于物的可靠性，还取决于人的可靠性。根据统计数据，由于人的不安全状态导致的事故占总数的 88%～90%。预防和避免事故发生的关键是应用人机工程学的原理和方法，通过相应的管理手段努力消除各种不安全因素，建立人—机—环境协调可靠工作的安全生产系统。

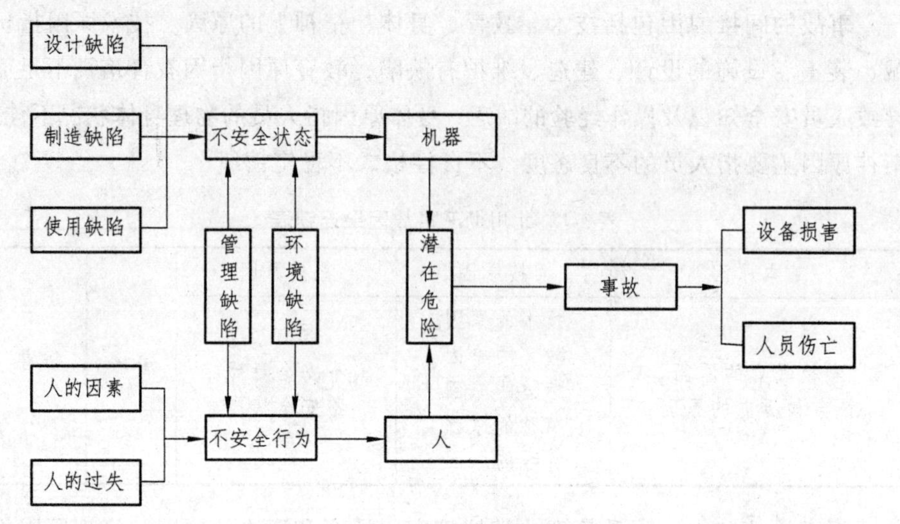

图 3-8　人机工程学事故因果关系

3.3.4　借鉴与综述

总结以上有关安全行为与安全结果各派主要理论，我们不难发现各理论之间也存在共同点，这也为本书的研究提供了启示。

1. 人的不安全行为是造成安全事故的主要原因，人的不安全行为与事故之间存在因果关系

目标-自由-警惕性理论认为，事故是由有害的心理工作环境所导致的低质量的工作行为引起的。而事故因果连锁论也认为人的不安全行为是引发事故的直接原因。当然引发安全事故发生还有其他原因，如物的不安全状态等，但由于本书的主要研究对象是建筑工人，主要目的是从建筑工人的角度去探索安全事故的发生根源，因而本书主要关注建筑工人的安全行为以及安全行为与安全结果之间的数量因果关系，其他因素如物的不安全状态等因素本书不做深入探讨。这些理论用于建筑领域，我们也可以假设认为建筑工人的不安全行为引发建筑安全事故，二者之间存在直接的因果联系。当然这个假设还有待通过以后收集实证数据进行检验。

2. 本书的研究拟沿着“安全氛围→安全行为→安全结果”三者之间的逻辑关系的分析框架来进行

本书的结构逻辑框架建构也从事故因果连锁论的代表人物博德所提出的事故链结构模型中得到了启示。本书拟建立这样一条结构链条：安全氛围（包括管理以及建筑工人自身原因等方面）直接作用于建筑工人的安全行为，安全行为又直接导致其后的安全结果，三者环环相扣，像一条完整的链条一样。因而本书的研究设计拟采用较为完整的“安全氛围→安全行为→安全结果”逻辑分析链条来进行研究（如图 3-9 所示）。

图 3-9 研究逻辑框架图

尽管以往对安全结果的研究角度与方法各不相同，大部分学者由于安全结果数据难

以收集而避开研究安全结果，而主要精力放在研究安全氛围的结构维度问题，也有部分学者尝试探索“安全氛围→安全行为”的逻辑定量关系。还有学者直接按照“安全氛围→安全结果”的逻辑关系进行研究或者按照“安全行为→安全结果”的逻辑关系进行研究。当然前人研究对象大多不属于建筑领域，本书结合相关理论以及前人研究成果拟再往前探索一步，沿着较为完整的“安全氛围→安全行为→安全结果”逻辑结构来进行研究。当然，在安全氛围、安全行为与安全结果这三大逻辑要素下还需由多个相关潜变量支撑和丰富，并需要收集数据进行统计分析与检验，以发掘三者之间是否存在显著的定量相关关系。

4 概念模型构建与研究假设

在梳理前述章节的理论与文献基础上，本书发现目前国内外学者主要探寻了安全氛围的维度以及安全氛围与安全行为之间的关系，但是全面探寻安全氛围、安全行为以及安全结果这三者之间关系的实证研究还较少出现。因此，本书拟按照安全氛围→安全行为→安全结果逻辑思路来建立研究框架。本章在对上述相关变量关系进行梳理和推演的基础上，对本书中所要研究的各个概念进行了界定，并据此提出本书的研究假设并构建理论框架模型。具体而言，本章首先对前因变量建筑安全影响因素即安全氛围变量（包括企业安全控制、工人消极情绪、安全技能与交流以及政府管理变量）、安全行为中介变量（包括操作行为表现、安全参加和帮助工友行为）以及安全结果变量（包括损失结果和工伤）在本书研究情境中的含义加以界定；然后分析变量间的关系，提出相应假设；最后建立理论模型，该模型将作为实证数据研究的目标。

4.1 基本概念的界定

在进行实证研究前，首先须对本研究所涉及的基本概念与术语进行明确界定，给以后的研究工作打下明确扎实的理论基础，以避免概念与术语的混淆和误用。

4.1.1 基本概念的定义

本书参照西方模型并结合中国实际，所涉及的概念包括企业安全控制、工人消极情绪、安全技能与交流、政府管理、操作行为表现、安全参加、帮助工友行为、损失结果和工伤，本书拟对以上各个基本概念分别界定如下。

1. 企业安全控制

在众多建筑安全研究文献中，企业安全控制是一个相当重要的甚至是决定性的影响因素。实际工程项目中建筑安全事故的发生一般都与施工企业安全控制不到位有直接或间接的关系。我们以一起真实的建筑安全事故为例：2002 年 2 月 20 日上午，某电厂 5 号、6 号组续建工程现场，屋顶压型钢板安装班组 5 名工人张某、罗某、贺某、刘某、代某在 6 号主厂房屋面板安装压型钢板。在施工中未按要求对压型钢板进行锚固，即向外安装钢板，在安装推动过程中，压型钢板两端（张某、罗某、贺某在一端，刘某、代某在另一端）用力不均，致使钢板一侧突然向外滑移，带动张某、罗某、贺某 3 人失稳坠落至三层平台死亡，坠落高度为 19.4 m。经调查该起安全事故的主要原因有：首先，项目部安全管理不到位，专职安全员无证上岗，项目部对当天的高处作业未安排专职安全员进行监督检查，致使违章和违反施工工艺的行为未能及时发现和制止；其次，施工组织设计方案、作业指导书中的安全技术措施不全面，没有对锚固、翻板、监督提出严格的约束措施，落实按工序施工不力，缺少水平安全防护措施（朱建军，2007）。

企业的安全管理方式、方法、制度等会影响到施工企业的安全氛围，进而对建筑工人的安全行为方式也将产生不可忽视的影响。Zohar（1980）将安全氛围的重要维度归纳为企业管理态度、安全行为宣传、安全职员的地位等有关企业层面的因素。Brown 和 Holmes（1986）将企业安全管理因素详化为管理层关注和管理行动。Dedobbeleer 和 Beland（1991）提出了术语管理承诺，该术语在以后的安全氛围研究文献中被广泛使用。Griffin 和 Neal（2000）将管理承诺定义为企业组织执行安全政策、监测安全程序、激励安全实践等管理举措。Hsua（2008）将安全管理定义为组织对安全过程的控制与支持，包括四个要素：安全活动、安全管理系统、报告系统和奖励系统。

综上所述，本书将企业安全控制定义为施工企业针对建筑工人在施工过程中出现的安全问题，采取各种方法手段实施有效制约的管理措施，以期达到减少建筑工人的不安全行为并降低工伤损失的目标。

2. 工人消极情绪

由于建筑工人的工作环境充满危机风险，相比办公室白领工作人员，建筑工人更倾向于有压力感。情绪上的压力导致工人对工作任务的注意力分散，进而引起工人忽视安全行为，由此增加了工伤比率。因而学界也开始关注工人的心理状况和身体状况对工伤的影响作用。Omosefe（2011）将压力定义为“可变因素的相互反应，其中融合了个人与环境之间的某种特殊的关系，该环境被评估为令人劳累、超出资源上限以及危害健康”。紧张被定义为“背离了个体的常态”。压力和紧张不仅可以是心理方面的，也可以是生理和行为方面的。Williamson 等（1997）将雇员的乐观主义和宿命论思想归结为企业安全氛围的主要维度，这些维度也在一定程度上反映出了雇员的精神状态。Lee（2000）将雇员的心理因素划分为安全自信心、对承包商安全水平的满意度、工作满足度以及工作兴趣度。Cordes 和 Dougherty（1993）将工人情绪压力分为挫折感、疲倦感以及人格解体。压力也会在工人身体机能方面显现出来，身体压力指的是在长期压力环境下身体调节反应。如果压力环境持续地威胁个体，那么该个体身体调节机能就会导致其出现头痛、腰背酸软、皮肤疾病以及其他症状。这些症状将阻碍工人的安全行为方式并最终增加工伤发生概率。

综合上述观点，本书对工人消极情绪的界定是：建筑工人在施工过程中，由外因或内因影响而产生的不利于继续安全完成工作或者正常思考的负面情感，是多种感觉、思想和行为综合产生的负面的心理和生理状态。

3. 安全技能与交流

建筑工人的安全技能也是影响建筑安全的不可忽视的因素之一。国内有相当大比例的建筑工人工伤事故是工人缺乏必要的安全技能甚至是基本安全知识所造成的。因为是我国的建筑工人普遍是教育水平较低的农民工，其安全技能和安全知识水平较低。我们以一起真实的建筑安全事故为例：2001 年 8 月 2 日，某大学学生公寓楼工程施工过程中，因使用汽油代替二甲苯作稀释剂，调配过程中发生爆燃，造成 5 人死亡，1 人受伤。经调查，调制油漆、防水涂料等作业应准备专业作业房间或作业场所，保持通风良好，作业人员佩戴防护用品，房间内备有灭火器材，预先清洁各种易燃物品，并制定相应的操作规程。此工地建筑工人没有掌握相关安全技能知识，在堆放易燃材料附近，使用易挥发的汽油，未采取任何必要措施，最终导致火灾惨剧（朱建军，2007）。

Brown 和 Holmes（1986）认为雇员风险觉察能力是安全氛围的一个主要维度。Brown（2000）认为工人的紧急情况反应能力也应该成为安全氛围的维度之一。Lee 和 Harrison（2000）也指出安全技能包括工人的风险识别熟练度以及警报应急能力。Glendon 和 Litherland（2001）研究认为交流支持以及工友关系也是安全氛围不可忽视的重要维度。Mearns（2003）则总结出雇员的安全政策知识、安全交流也是影响安全绩效的主要因素。Huang（2006）将安全控制能力定义为“个体对掌控工作环境以避免伤害和事故的能力和时机的感知水平”。

结合上述研究成果，本书对安全技能与交流的界定是：建筑工人为了安全地完成施工操作任务，经过训练而获得的专业化的行为方式，并彼此间把自己具备的安全知识与经验提供给工友进行互动沟通。

4. 政府安全管理

政府安全管理其实在宏观管理建筑安全方面起到了不可小觑的重要作用。国外学界重在研究企业层面的安全氛围，因而对宏观层面的政府管理因素研究十分少见。而国内研究学者在研究政府安全管理方面也大多是定性的研究，鲜见定量研究的文献。目前我国政府安全管理部门机构之间职责交叉不清，综合安全管理部门即国家安全生产监督管理总局和行业安全生产管理部门之间即建设行政主管部门关系职责交叉不清，管理效果也大打折扣，这也成为我国建筑安全政府管理的主要问题之一。张仕廉（2008）在研究建筑安全因素时提到了政府部门未依法有效履行监督管理职责。本书也将政府安全管理列为建筑安全影响因素之一，并作为模型的前因变量，拟实证调研政府安全管理因素对建筑工人安全行为以及安全结果是否存在显著的因果关系以及具体关联程度。

本书结合本研究情境和实地调研的基础上对政府安全管理进行了界定：政府安全管理就是建筑安全相关政府监管部门为了实现安全生产，运用政府权力，采用计划、组织、协调、指挥、控制等管理职能，对施工企业施加管理以减少安全事故发生率的政府行为模式。

5. 操作行为表现

建筑工人不当的操作行为表现也是引发施工安全事故发生的主要原因之一。例如 2013 年 9 月 5 日，广州某商住楼项目施工过程中发生高处坠落事故，造成一人死亡。该项目的施工单位为广东某工程有限公司，塔吊安装专业承包单位为广州某建安工程有限公司。此事故的主要原因是塔式起重机安装拆卸工人吴某没有取得建筑施工特种作业施工人员操作资格证，在 14 层楼外脚手架上进行拆解钢丝绳作业中，对安全重视不够，没有按照规定佩带并系挂安全带，作业前也没有检查脚手架环境不便操作的状况；吴某在松解钢丝绳时受到钢丝绳突然弹起的干扰，导致从高处坠落（韩庆文，2014）。

对建筑业安全行为的探索与研究一直位于领域前沿。有学者把安全行为作为安全结果的一个重要预测变量，控制好安全行为能起到减少安全事故发生率的重要作用，因而对其进行探索研究也是相当具有学术和应用价值的。Helander（1991）剖析了常见的诸如倒塌和物体掉落等安全问题，指出安全事故能够通过建立合理的安全生产行为（施工程序和安全规范等措施）而规避。Mario（2011）把安全行为划分为安全遵守和安全参与两类。安全遵守指个体为了维护工作场所的安全所必须履行的核心活动。安全参与指的是虽不能直接对个体安全做出贡献但却有助于形成一个安全环境的行为。周全和方东平（2009）采用安全执行、安全处理、员工安全防护、遵守安全规范等作为安全行为的测量变量。张江石（2006）通过访谈、行为观察等调研方法，采集工人行为数据、事故记录数据、工人违章数据，并依此建立了企业不安全行为数据库，并以该数据库资料作为分析基础，研究得出的结论是企业的安全氛围对员工的安全行为能够产生正向影响。但该结论尚未得到定量化实证研究结论的支持，只是粗略的定性结论；即模型拟合结果很差，结论都没有获得数学统计上的定量支持。张守健（2006）对安全行为进行了定义，安全生产行为既可以是工作步骤和程序，目的是规避某具体的安全事故发生；或者是全部活动序列，目的是规避所有安全事故的爆发。

本书的潜变量操作行为表现仍然属于安全行为的范畴之内。结合上述研究成果，本书对操作行为表现的界定是：建筑工人在施工劳作过程中，使用已有工器具等资源，对建筑物半成品进行加工改造过程中的具体做法。

6. 安全参加

安全参加是安全行为范畴的一个子集，主要表现在工人在参加企业各项涉及安全的活动的主动性以及主人翁意识，比如是否主动向管理层提出安全方面的建议和意见等，安全参加也成为安全管理领域学者普遍接受的反映安全行为的一个主要变量。Cheyne 等（1998）在以英国和法国的制造业工人为研究对象时，就明确提出个体参与应该作为考察企业安全管理的主要指标之一。O'Toole（2002）调研了美国公司的大样本雇员，采纳了雇员参加度作为企业安全管理的评价指标。Morrison（1998）采用了六个维度度量安全参加潜变量，即帮助（如自愿教新员工安全规则）、表达（鼓励他人参与安全活动）、照管（如保护同事免受安全威胁）、检举（告发违反安全规则的同事）、安全知识更新（如参加非强制的安全会议）以及发起改进工作场所的安全环境。

本书结合本研究情境和实地调研的基础上对安全参加进行了界定：建筑工人作为施工企业的主体，主动参加企业的安全生产相关活动以及自愿采取行动维护企业的安全生产。

7. 帮助工友行为

帮助工友行为也属于安全行为范畴的一个子集。在施工过程中建筑工人在施工安全方面帮助工友的行为对改善安全结果、降低工伤率也会起到一定的帮助作用。而目前国内外安全管理领域的研究学者对雇员协助行为的关注较少，鲜见定量研究的文献。Susanan（2007）在将安全行为划分为结构安全行为、交互安全行为以及个人安全行为，其中交互安全行为则是指同事之间在安全方面的合作行为。

本书结合本研究情境和实地调研的基础上对帮助工友行为进行了界定：为了达到安全施工的目的，建筑工人为其他工友出力、出主意或给以支援的举止行动。

8. 损失结果

施工安全管理研究的最终目的就是使安全结果朝着好的方向发展。我国的职业健康安全管理体系规范将安全损失结果定义为“职业健康安全管理体系的可测量的结果，该结果与控制安全风险有关，目的是达到职业健康安全状态。”

该结果是可以用定量指标反映，如职业病、事故的减少量等。可见，该定义把损失结果分为了事故损失（如成本、时间方面）、工伤事故率（如轻伤事故率、重伤事故率、万人死亡率等）等定量反映损失结果的指标。Sharon（2010）在考察损失结果时采用了雇员睡眠障碍疾病、身体疾病、压力症状、心理疾病等指标进行计量。Omosefe（2011）在对建筑业的安全管理研究中，将损失结果作为因变量，并将其划分为损伤记录、报告自身损伤情况以及差点出事情况、工作时间损失三个方面。

本书结合本研究情境和实地调研的基础上对损失结果进行了界定：因为安全事故造成的人身伤亡及善后处理由施工企业或建筑工人承担的费用和财产损坏等不利的后果。

9. 工伤

建筑安全管理的重要目的就是降低建筑工人伤亡率。工伤是安全结果范畴的一个子集。英国专门颁布了《伤害、职业病和未遂事故报告法规》，该法规把事故按严重程度分成各个级别，包括死亡事故、严重伤害事故、超过三个工作日事故、未遂事故等。死亡事故是涉及人员伤亡的工伤事故。严重伤害事故是有员工或第三方遭受身体伤害须住院医治的事故。超过三个工作日事故是员工身体遭受损伤以至于至少休假 3 天的事故。未遂事故是险些造成损伤但实际并未发生的事故。董大旻和冯凯梁（2012）在研究高危企业安全绩效时，将工伤事故统计作为安全结果的一个重要指标。Yueng（2006）在调研分析来自制造业、服务业以及交通运输业的数据，把伤害发生率作为考察安全控制的一个主要维度，并想雇员问卷询问其工伤状况，但结论却发现企业的安全氛围与雇员的工伤之间并不存在显著的因果关系。Tahira（2013）在测量造纸厂工人安全结果时，则考虑了事故经历、未报告的安全事故、工作场所伤害等指标。周全（2009）在对中国施工企业进行实证研究时，采用了自报告事故率这个指标来进行测量。

基于以上学者的研究和对国内施工企业的深入访谈调查，本书对工伤进行了界定：指建筑工人在从事施工工作过程中身体所遭受的事故伤害。

4.1.2 研究理论构建

分析总结前人已有的研究成果，可以发现学者们主要在以下两个领域做了比较深入的探索：① 安全氛围的结构维度；② 安全氛围和安全行为的关系。并且已有相关研究成果并不主要是针对建筑领域，而是其他如制造业、医疗行业以及核工业等领域。因此本书整合并延展前人已有的研究成果和研究思路，建设性地提出了“安全氛围→安全行为→安全结果”逻辑思路和研究框架。安全氛围对于建筑工人个体来说属于外界环境因素，它很有可能会影响建筑工人的安全行为，而建筑工人个体的安全行为进而很有可能影响最后的安全结果。所以“安全氛围→安全行为→安全结果”形成了一条有着内在逻辑关系的有机的连锁反应的链条。

因而基于以上研究总结，本书构建了施工企业安全氛围、安全行为以及安全结果的结构模型。本研究架构的基本思路是，安全氛围将会影响建筑工人的安全行为，而建筑工人的安全行为则会进一步影响安全结果。

4.2 理论拓展——假设的提出

本研究通过理论分析将整个结构方程模型拟划分为 9 个潜变量，分别是企业安全控制、工人消极情绪、安全技能与交流、政府安全管理、操作行为表现、安全参加、帮助工友行为、损失结果以及工伤。其中潜变量企业安全控制、工人消极情绪、安全技能与交流、政府安全管理属于前因变量，代表了施工安全的主要影响因素。潜变量操作行为表现、安全参加、帮助工友行为可以视为中介变量，表示了建筑工人安全行为的范畴。潜变量损失结果以及工伤属于结果变量，反映了安全结果的范畴。接下来，本研究将对这些潜变量的相互之间的关系建立假设以便于进一步量化分析。

4.2.1 安全氛围与安全行为以及安全结果变量的关系

本节主要对安全氛围各变量与安全行为各变量之间的关系、安全行为各变量与安全结果各变量之间的关系进行假设，并将在以后的章节里面定量验证各假设是否成立。

1. 企业安全控制与安全行为变量的关系

学者们一直致力于探索企业安全管理对雇员安全行为的影响程度和影响效果。Zohar（1980）提出的模型认为企业安全管理对雇员安全行为能够产生重要影响：① 安全管理感知对行为期望产生影响；② 行为期望改变安全行为的趋向。Cheyne 等（1998）以雇员自报告的安全活动作为安全行为度量指标，研究得出企业安全管理可以影响雇员的安全行为。Rundmo 等（1998）通过调研石油企业的上千名员工，采用结构方程的方法证明了安全管理既可以直接影响雇员的不安全行为，也可以通过某些中介变量（如承诺和参与、人员配备等）来间接影响雇员的不安全行为。Tomas 等（1999）利用西班牙保险公司提供的 3 个风险程度较高的公司的数据资料，跨部门抽样了 429 名被试雇员，探讨事故的结构方程模型。根据分析结果，企业安全管理能直接影响雇员的安全行为，也能通过中介变量（同事响应、员工态度）来对安全行为产生间接的影响作用。Dong（2005）建立了安全氛围与安全行为间的关系模型，得出研究结论是安全管理作用于安全行为的路径主要有 3 条：① 间接作用，二者之间的中介变量主要有工作压力、感知风险、感知障碍等；② 直接影响感知安全障碍从而影响安全行为；③ 直接作用，且作用系数是最高值。但Glendon 等（2001）通过统计分析方法来研究所抽样的员工安全行为，然而结论却是安全管理并不能够对安全行为产生显著的影响作用。

基于上述分析，本书假设：

Hla：企业安全控制对建筑工人操作行为表现产生显著的正向影响；

Hlb：企业安全控制对建筑工人安全参加产生显著的正向影响；

Hlc：企业安全控制对帮助工友行为表现产生显著的正向影响。

2. 工人消极情绪与安全行为变量的关系

Hoffman 和 Stetzer（1996）提出心理压力是雇员的情感反应，包括态度（工作不满）或者情绪（焦虑、挫折），它与雇员安全是相关的。工作负担过重引起的工作压力感会导致雇员不安全行为的趋势增长。主要原因是当工人意识到业绩压力时，他们将专注于完成工作而更少地关注工作程序是否安全（Siu，2004）。Holcom（1993）研究报告指出工作不满感和安全事故以及伤害有一定的相关关系。Dunbar（1993）提出雇员的情绪、焦虑、沮丧感能预测安全遵守行为。Murray（1997）揭示出焦虑越严重的雇员所报告的采取安全预防措施越少，工伤伤害越多。然而 Mearns（1998）把煤气工人分成事故组与非事故组，却发现两组的工作压力并无显著差异。Leung（2010）指出压力过大导致过度刺激从而分散了工人对安全行为的关注意识，因而增加了损坏事故率发生的概率。压力过小又导致刺激不足，使得个体处于无聊和冷淡的状态，这也会影响个体对工作的关注度。这种削弱的工作和安全的关注度也会使得工人的工伤率上升。只有适当的压力水平才能预防工伤事故的发生。

基于上述分析，本书假设：

H2a：工人消极情绪越严重，则操作行为表现就越差；

H2b：工人消极情绪越严重，则安全参加行为就越差；

H2c：工人消极情绪越严重，则帮助工友行为就越差。

3. 安全技能与交流与安全行为变量的关系

对雇员安全技能与交流的关注体现在对安全氛围的研究中比较多。Zohar（1980）在建立安全氛围因子结构时，就把工人对工作场所存在的风险的感知能力作为度量指标之一。Flin 等（2000）把雇员的胜任力作为安全氛围的主要维度之一。陈扬（2005）把安全施工能力、工友的行为与影响、工人参与也作为安全氛围的主要维度。Tomas（1999）在建立不安全行为模型因子结构时，将雇员的风险感知能力、工友同事对安全的态度作为影响因子。Glendon（2001）通过对一个道路施工企业的安全氛围进行调研，用因子分析的方法，提取出的该企业安全氛围的因子之一就是沟通和支持。而后 Mhoamed（2002）在研究建筑工地的安全氛围时使用的维度包括关注、沟通、工人的参与、个人风险认知、工作危险评价以及能力等。Siu 等（2004）以建筑工人为研究对象，研究了沟通和安全绩效（事故率、职业伤害）之间的直接作用和中介作用，结果发现沟通并不能预测安全绩效（事故率和职业伤害）。

基于上述分析，本书假设：

H3a：安全技能与交流对操作行为表现产生显著的正向影响；

H3b：安全技能与交流对安全参加行为产生显著的正向影响；

H3c：安全技能与交流对帮助工友行为产生显著的正向影响。

4. 政府安全管理与安全行为以及安全结果变量的关系

政府安监部门管理对施工企业安全结果也能起到一定的作用，比如政府安监部门可以检查施工企业日常安全生产状况，对违反安全生产的施工企业可以采取警告、罚款甚至吊销营业执照等行政处罚措施，这对督促施工企业进行安全生产能起到较重要的监管作用。其次，当发生了施工安全事故，政府安监部门在安全事故处理过程中也起到重要领导作用，如对安全事故的真相调查、对安全生产责任罪的相关管理人员的惩罚包括直至追究其刑事责任以及督促施工企业按照国家法律政策对伤亡建筑工人及其家属的工伤赔偿等。再次，政府在对建筑工人的安全福利保障也起到相当重要的作用。建筑工人只有对自己的后盾保障有安全感，才能更放心地投入生产工作。国外安全领域的学者考虑政府安监部门管理因素的文献非常少，国内主要有张仕廉等（2008）在其建筑安全影响因素表里就列出测量条款“政府部门未依法有效履行监督管理职责”并对政府建设安全管理部门、建设监理方、承包商、勘察设计方以及各安全中介机构等进行问卷调查。邓小鹏等（2010）通过调研地铁建筑安全事故案例，识别出对地铁项目安全绩效的影响因素包括政府行为，如政府安全制度实施力度以及政府安全监督部门参与项目安全会议和安全检查的频率等考察指标。

基于上述分析，本书假设：

H4a：政府安全管理对操作行为表现产生显著的正向影响；

H4b：政府安全管理对安全参加行为产生显著的正向影响；

H4c：政府安全管理对帮助工友行为产生显著的正向影响。

4.2.2 安全行为与安全结果变量的关系

1. 操作行为表现与安全结果变量的关系

Donald（1993）指出尽管雇员并不愿意遭受工伤，但他们导致工伤的行为确实是有意的，因为他们知道自己在做什么。尤其对于重视功效超过安全的那些建筑工人会对安全规章视而不见，比如脚手架建筑工人为了更快地完成工作而不佩戴安全带，这也会提高受伤的概率（如坠落）。Hinze（2003）也证实伤害事故是由于工人糟糕的安全行为所导致。Leung（2013）采用因子分析的方法，发现安全行为与伤害事故呈显著的负向关联关系。Neal（2006）通过团体研究发现更高的安全行为水平导致工作团体的工作环境更为安全，因而也减少了安全事故发生的概率。Sharon（2010）通过统计研究证实安全行为对工伤事故存在显著的影响作用。Huang 等（2006）通过收集来源于保险公司伤害赔偿数据，以制造业、建筑业、服务业、交通业的雇员为研究对象，采用结构方程方法进行统计分析，研究得出雇员的自我控制行为与自报告的伤害事故率呈显著的负向作用关系。

基于上述分析，本书假设：

H5a：建筑工人操作行为表现越好，则损失结果越乐观；

H5b：建筑工人操作行为表现越好，则工伤越轻。

2. 安全参加与安全结果变量的关系

安全参加也是属于安全行为的范畴。学界普遍将安全行为划分为安全遵守和安全参加。安全参加被定义为虽不直接有助于工地场所的安全，但却有助于促成安全环境的行为。安全参加从本质上来说是自愿自发的行为。Clarke（2006）指出安全参加行为必须和安全遵守行为区别开来，并且其研究得出安全参加与职业伤害事故的关联度更强于安全遵守与职业伤害事故的关联度。然而 Christian（2009）的研究结论则显示安全参加与职业伤害事故呈弱相关关系。Leung（2013）采用因子分析的方法分析安全行为和伤害事故是否存在显著的相关关系时，安全行为的调查问项就包括向雇员询问是否愿意向公司主动汇报安全事故状况，这也是属于安全参加的范畴，研究结果发现安全行为与伤害事故呈显著的负向相关关系。然而，关于安全参加的文献研究大多数并不以建筑工人为研究对象，而是以重工业雇员、核工业雇员以及医护人员为研究对象，并且也未提供详细可操作的研究工具和方法，因此本书调研建筑工人的安全参加行为与安全结果的关系也有一定的新颖性和实际价值。

基于上述分析，本书假设：

H6a：建筑工人安全参加对损失结果产生显著的正向影响；

H6b：建筑工人安全参加对工伤产生显著的正向影响。

3. 帮助工友行为与安全结果变量的关系

对同事之间的协助行为的研究在国内外安全管理方面的文献也比较少见。Susanan（2007）在将安全行为划分为结构安全行为、交互安全行为以及个人安全行为，其中交互安全行为则是指同事之间在安全方面的合作行为。Lee 和 Harrison（2000）在建立核电站安全氛围结构时，设立了一个名为"信任同事"的指标，这个指标也涉及同事之间的关系。如果工友之间存在协助行为，那么工友之间会对彼此的不安全行为进行提醒制止，这也可能对减少工伤率起到一定的正向作用。但具体二者之间是否有显著的因果联系，还有待实证数据进一步进行验证。

基于上述分析，本书假设：

H7a：帮助工友行为对损失结果产生显著的正向影响；

H7b：帮助工友行为对工伤产生显著的正向影响。

4.3 假设与框架模型

本研究在对有关文献理论进行梳理分析的基础上，提出了 18 个假设。本书所有研究假设归类总结如表 4-1 所示。

关于安全氛围与安全行为之间的联系，有部分学者对于假设 H1a、H2a 做过相关和类似的经验研究，但大多数研究对象并非建筑工人，因此 H1a、H2a 归类为验证性假设，即前人已经对该假设或类似假设做过相关研究，并获得了经验研究和实证研究的证实。而剩余的其他假设 H1b、H1c、H2b、H2c、H3a、H3b、H3c、H4a、H4b、H4c 在检索到的文献内没有发现有学者做过相同的经验和实证研究，本书力图探索这些假设能否被证实。

关于安全行为与安全结果之间的联系，即对于假设 H5a、H5b、H6a、H6b、

H7a、H7b，也仅有少量文献对于假设 H5b 做过相关和类似的经验研究，且大多数文献的研究对象并非建筑工人。而剩余的其他假设在检索到的文献内没有发现有学者做过相同的经验研究，因而本书力图尝试探索这些假设能否被证实。

表 4-1　研究假设汇总

假设	假设内容
H1a	企业安全控制对建筑工人操作行为表现产生显著的正向影响
H1b	企业安全控制对建筑工人安全参加产生显著的正向影响
H1c	企业安全控制对帮助工友行为表现产生显著的正向影响
H2a	工人消极情绪越严重，则操作行为表现就越差
H2b	工人消极情绪越严重，则安全参加行为就越差
H2c	工人消极情绪越严重，则帮助工友行为就越差
H3a	安全技能与交流对操作行为表现产生显著的正向影响
H3b	安全技能与交流对安全参加产生显著的正向影响
H3c	安全技能与交流对帮助工友行为表现产生显著的正向影响
H4a	政府安全管理对操作行为表现产生显著的正向影响
H4b	政府安全管理对安全参加行为产生显著的正向影响
H4c	政府安全管理对帮助工友行为产生显著的正向影响
H5a	建筑工人操作行为表现越好，则损失结果越乐观
H5b	建筑工人操作行为表现越好，则工伤越轻。
H6a	建筑工人安全参加对损失结果产生显著的正向影响
H6b	建筑工人安全参加对工伤产生显著的正向影响
H7a	帮助工友行为对损失结果产生显著的正向影响
H7b	帮助工友行为对工伤产生显著的正向影响

综上所述，本书通过梳理核心变量间的逻辑联系，提出基本假设，进而沿着“安全氛围→安全行为→安全结果”的研究思路，初步构建了本研究的理论模型（如图 4-1 所示），拟探索该逻辑关系是否成立以及内在机理。

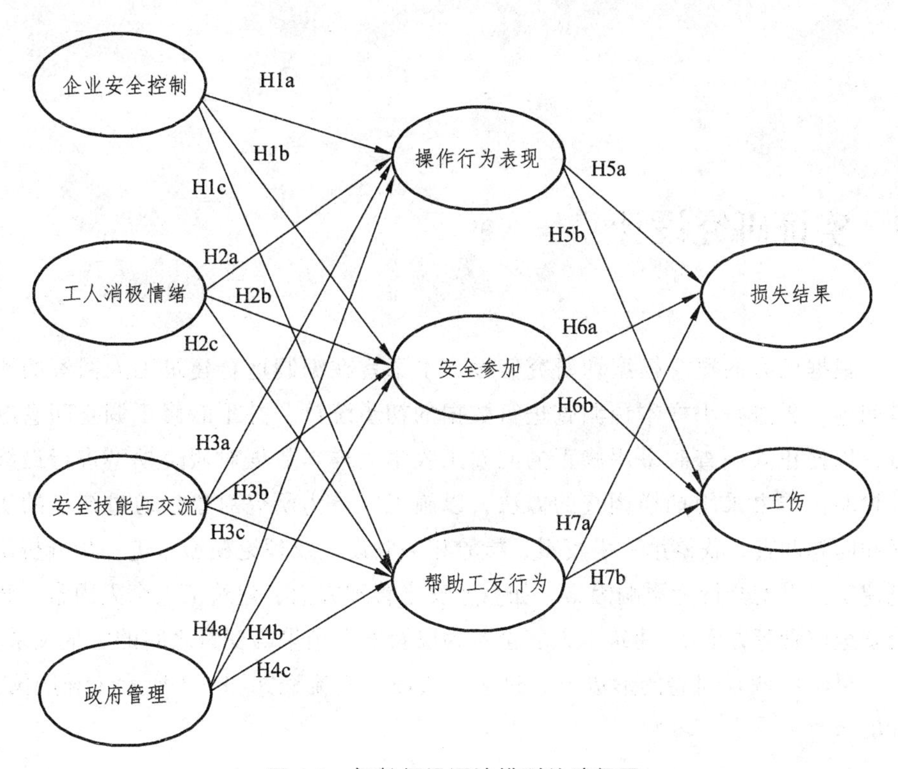

图 4-1　初始假设理论模型的路径图

5 实证研究设计

根据已有的概念模型和研究假设，本章旨在编制适合建筑工人回答的测量问卷，先进行小样本预调查进行数据的初步统计，并不断修正调查问卷题目，以便正式调查时采用修正的问卷来收集大样本数据对假设模型进行最终的检验。本书采用抽样调查的方法，以施工人员为研究对象，通过初步的访谈和问卷调查，获得第一手资料，检验相关假设以及理论模型，进一步分析研究建筑工人安全行为影响因素（如企业安全管理方面、建筑工人个人因素、政府安全监管等方面）、建筑工人安全行为以及安全结果等变量之间的定量关系。

科学的调查问卷的形成要经过多个阶段，其流程如图 5-1 所示（马庆国，2002）。

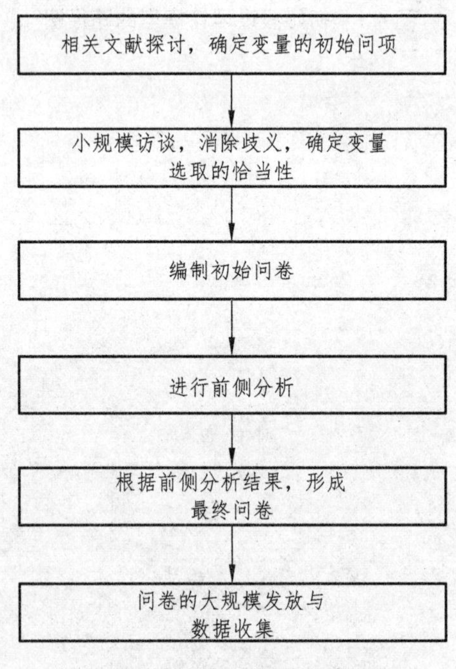

图 5-1　本研究的问卷形成过程

本章主要解决的问题是问卷设计、变量测量维度的确定、小样本预测试以及问卷调整改进方法与过程。首先，阐明本研究调查问卷的设计原则和程序、问卷设计采用方法、确定研究对象的原则、样本数量确定以及抽样方法的选取；其次，根据变量的含义，参考中外文献，结合与建筑工人和企业安全管理人员的深度访谈，编写修订初始问卷；再次，预测试问卷，通过小样本调查，利用 SPSS 和 AMOS 统计软件测试初始问卷测量条款的有效性，根据问卷测量数据分析结果进行修订和修改，最终形成问卷进行大样本调查。

5.1 研究设计

5.1.1 研究对象的界定

本书选择国内施工企业作为研究标的，原因主要在于建筑安全事故的发生与施工企业有非常密切的关系。在建筑行业，建筑工人的安全问题一般由施工企业负责。《建筑法》第四十八条规定：“建筑施工企业应当依法为职工参加工伤保险缴纳工伤保险费。鼓励企业为从事危险作业的职工办理意外伤害保险，支付保险费。建筑工人工伤等问题一般也是由建筑工人与施工企业进行交涉，建筑工人与业主以及政府安监部门直接交涉安全问题在现实中也受到一定的限制。然而目前文献以施工企业作为研究标的的安全调查比较少，主要原因在于安全生产是施工企业的敏感问题，一般施工企业不愿接受来自学者或新闻单位的安全生产调研和采访调查，尤其是调研施工企业安全生产的负面事件，施工企业对此态度是不太合作的。因此本研究拟通过收集施工企业建筑工人安全生产的一线数据来研究建筑安全事故发生的内部机理是具有积极研究价值和意义的。

其次，本研究选择建筑工人作为研究对象，其主要原因有两点。第一，源于对建筑工人群体的关注。长期从事建筑领域的项目管理研究能感触到中国建筑工人工作以及生活的艰苦程度。国内建筑工人绝大部分来自于中国农村，他们工作环境恶劣，长期经受室外的风吹日晒，工作时间长，工资水平也不算高，而且还很有可能因被拖欠工程款而无法领到维持生计的工资。更不容乐观的是，建筑工人的风险程度高，伤亡率仅次于煤矿工人。作为从事教学科研的普通学者，力量毕竟非常有限，只有以广大的建筑工人为研究对象，真切关注建筑工人的生命安全，以期学界、企业界以及政界更多的人来关切这个庞大的弱势群体，让建筑工人能生活工作得更幸福。第二，建筑工人是建筑安全事故的直接受害者和损失者。要想调研建筑安全事故的发生原因并力图遏制建筑安全事故的发生，那么就很有必要研究建筑工人的安全动机、安全行为以及安全结果之间到底存在怎样的联系，以期对施工企业和政府安监部门进行安全管理提供实证参考。

5.1.2 样本抽取方法与样本大小的确定

从总体中抽取个体的方法，一般来说可以分为两大类，一是非随机抽样，二是随机抽样。非随机抽样是按照非随机的准则，或根据对个体和总体特征的判断，从总体中抽取个体的方法。随机抽样是依据某随机规则（或某一概率分布），从总体中抽取部分个体。随机抽样的优点是具备代表性，能较好地代表总体状况。然而由于受到总体规模的大小、研究的人力物力等客观条件的限制，也可以采用非随机抽样方法。本研究由于研究难度以及资源等原因无法采用随机抽样方法。权衡取样代表性、可操作性和方便性后，本书决定采用方便取样的方式。

在样本大小确定方面，本研究在小样本预调查与大样本调查中所需的样本量是有差别的。在小样本预调查阶段，因为属于初步探索性因子分析阶段，本研究依据相关研究惯例，将样本规模定为 100 左右。

5.1.3 问卷发放与回收

本研究问卷调查采用纸质问卷方式，主要考虑到建筑工人普遍计算机操作能力有限，不适合采用电子邮件的方式进行问卷收集。由于问卷数量较多，比较适合就近进行调查问卷发放以及回收。而四川省是全国农业大省，农村劳动力资源丰富，一部分农村劳动力输出到其他发达省份就业，一部分则留在本省的发达城市（如成都市）就业，建筑业则成为吸纳农民工的重要行业之一。本课题联系到成都市某大型房地产开发商在建大型住宅小区的项目经理。由于大型住宅小区都有不同的建筑施工企业同时或分阶段在建筑工地上流水作业，因此本研究针对不同的施工企业的建筑工人进行随机抽样调查。问卷由项目管理人员派发给建筑工人，为了保证施工人员可以客观地回答问题，采用匿名问卷形式，以免建筑工人担心自己对于建筑安全的真实观点被同事或者领导了解而不愿意透露真实想法。问卷完成后则请项目管理人员代为收集，再统一取回。

5.1.4 数据分析方法

本研究拟采用 SPSS 18.0 软件和结构方程模型分析软件 AMOS 17.0 对问卷所收集到的数据进行分析，分析方法主要有描述性统计分析，信度和效度分析，探索性因素分析（EFA），结构方程模型分析（SEM）。

1. 描述性统计分析

描述性统计分析是收集与整理被调查对象的基本信息。施工人员安全行为模型的变量和它们之间的关系用 SPSS 18.0 统计软件包进行描述性统计分析，主要包括频数分布分析、统计描述分析和平均数分析以及方差分析等，以了解建筑安全各测量变量的普遍水平。

2. 信度与效度分析

信度（Reliability）、效度（Validity）是测量工具不可或缺的条件，其目标是为了确保测量工具质量。良好的测量工具（规模）应具有足够的可靠性和有效性。效度是测量的先决条件，信度是效度必要的辅助品。

（1）信度分析

信度（Reliability）指的是测量结果的一致性（Consistency）或稳定性（Stability），也就是研究者关于相同的或相似的现象（或群体）进行不同的（不同形式的或不同时间的）测量，其所得的结果一致的程度。测量的观测值包括实际值和误差值，信度越高则意味着误差值越低，所以观测值就不会随着时间、形式的改变而改变，因而具备一定的稳定性。信度是一致性的问题。

在问卷调查研究中，由于问卷这样的测量工具经常因为语意、尺度标示、分类模糊等问题，使得被调查者没有很准确地理解问卷的意思而只好就自己的理解进行答卷，造成了各填答者之间很不一致的情况，这也大大降低了问卷的信度。所以涉及问卷分析，信度成为一个不可或缺的分析指标。根据测量工具的相同或不同，测量时点的相同或不同，可将测量工具分成以下四种：

① 内部一致性信度（Internal Consistency Reliability）；

② 复本信度（Alternate-form Reliability）；

③ 再测信度（Test-retest Reliability）;

④ 复本再测信度（Alternate-form Retest Reliability）。

具体分类如图 5-2 所示。

测量时点 \ 测量工具	相同	不同
相同	内部一致性信度	复本信度
不同	再测信度	复本再测信度

图 5-2　信度的类型

因为再测信度、复本信度以及复本再测信度的检测难度大，且对本研究来说意义不大，本研究的目的是使用内部一致性信度对问卷分量表以及整个量表的信度来进行验证。

Cronbach's α 是可以测量信度的重要评价参数，计算公式为

$$\alpha=\frac{k}{k-1}\left[1-\frac{\sum_{i=1}^{k}\sigma_i^2}{\sum_{i=1}^{k}\sigma_i^2+2\sum_{i}^{k}\sum_{j}^{k}\sigma_{ij}}\right] \quad (5\text{-}1)$$

式 5-1 中，k 是测量某一观念的题目数；σ_i 是题目 i 的方差；σ_{ij} 是相关题目的协方差。Cronbach's α 值≥0.7 时，可靠性高；0.35≤Cronbach's α 值＜0.7 时，可靠性尚可；Cronbach's α 值＜0.35 时，可靠性低。

（2）效度分析

效度（Validity）是指测量工具能正确测量出想要衡量的性质的程度，即数据与理想值的差异程度。效度包含两个条件：第一个是该测量工具的确是

在测量其所要讨论的概念，而不是其他概念；第二个条件是能正确地测量出该观念。效度所涉及的是正确性的问题。在一般学术研究中常用的效度有内容效度、效标关联效度和建构效度。但由于测量的困难，研究者只能选择其中某些来表示某变量的效度。

① 内容效度（Content Validity）。用于评价测量工具是否覆盖它所要测量的某一观念的全部项目（层面）。某个测量工具是不是具备内容效度，主要由研究者判断。由于内容效度有一定程度的主观性，因此不适宜单独使用评判量表效度，然而可以大致地评价观测结果。

② 效标关联效度（Criterion-related Validity）。Selltiz 等（1976）将效标关联效度划分成预测效度（Predictive Validity）与同时效度（Concurrent Validity）。

③ 建构效度（Construct Validity）。建构效度用于评价测量工具能够测量理论的概念或特质的程度，分为收敛效度（Convergent Validity）、区别效度（Discriminant Validity）。测量工具必须同时具备这两个效度，才能被判断为具备建构效度。

兹将上述的效度汇总说明如表 5-1 所示。

表 5-1　效度汇总说明表

<table>
<tr><th>类型</th><th>测量什么</th><th>方法</th></tr>
<tr><td>① 内容效度</td><td>项目的内涵所能适当地代表所研究的观念（所有相关项目的总和）的程度</td><td>判断式或以专家评价进行内容效度比率的估计</td></tr>
<tr><td>② 效标关联效度</td><td>预测变量所能适当地预测效标变量的相关层面的程度</td><td rowspan="2">相关分析</td></tr>
<tr><td>②-1 同时效度
②-2 预测效度</td><td>对目前情况的描述。效标变量的数据可以与预测分数同时获得；
对未来情况的预测。过了一段时间后，才能测量效标变量</td></tr>
<tr><td>③ 建构效度</td><td>回答这样的问题：“测量工具变异的原因是什么？”企图确认所测量的构念以及决定测试工具的代表性</td><td>判断式
所建立的测试工具与既有的工具的相关性
多质多法分析</td></tr>
</table>

（3）因子分析（Factor Analysis）

因子分析是一种常见的多变量统计分析方法，它采用降维的思维，基于原始变量相关矩阵内部依赖关系，把诸多存在错综复杂关联程度的变量缩减为少数几个有代表性的综合因子。因素分析主要目标是探索量表本身内部潜在结构，减少问项的数量，让其成为一组数目少而彼此有一定程度相关性的变量。因子分析还能求出量表的建构效度。因子分析的主要作用有：① 寻求基本结构。通过因子分析，可以发现一些具有重要意义的因素，反映了原始数据的基本结构。② 数据化简。通过因子分析，可以将复杂的数据简化，便于处理。

4. 结构方程模型分析

结构方程模型（Structural Equation Model，SEM）是包含了路径分析和因子分析的多元统计建模分析方法，同时弥补了传统统计方法的一些不足。它能够剖析多因多果的联系，能够剖析潜变量的联系，允许自变量和因变量都存在测量误差，能够同时估计因子关系、因子结构等。该方法已被广泛应用于社会科学的各个领域的研究。

本研究的主要目的是探讨建筑工人安全行为的多个影响因素与安全行为、损失结果等多个变量之间的定量关系。这些变量多为潜变量，不可直接观测，而每个潜变量还对应多个观察变量，变量间的关系复杂。对这类复杂模型，使用一般统计分析方法并不适合，而 SEM 方法则在处理复杂模型统计数据方面有无可比拟的优势，它将因子分析、多元回归以及路径分析等方法进行集成。相对于传统的统计方法，SEM 是一种能够把测量（Measurement）与分析（Analysis）聚而为一的统计技术，能够同时估算结构模型中的观察变量和潜在变量。

在结构方程模型分析中，本研究拟采用 AMOS 17.0 软件。AMOS 软件属于 SPSS 家族系列，SPSS 统计软件包的使用率、知名度高的特点，加上 AMOS 图形渲染模型的功能和用户界面模块的特点，这也成为本研究选择 AMOS 软件的主要原因。

根据前文的概念模型和研究假设，本研究拟测量的变量主要包括：企业安全控制、工人消极情绪、安全技能与交流、政府管理、操作行为表现、安全参加、帮助工友行为、损失结果、工伤等，具体测量条款的斟酌过程如下：

1. 搜集国内外相关文献，查找相关的量表

在广泛搜集阅读建筑安全相关文献的基础上进行文件归类整理。由于针对建筑安全的测量量表比较少，而且由于研究者研究视角存在差异，在量表

设计及问项的取舍上存在较大不同，本书选取了某些已经被国内外学者证实有效的测量量表或相关测量条款。

2. 测量条款的调整、修订与补充

考虑到国内建筑行业的特殊国情以及国内建筑工人的特点，需要对某些测量条款的内容作出调整和改进。调研过程中，在对部分建筑工人以及施工企业管理人员进行小规模访谈的基础上，根据问卷量表的设计原则和注意事项，制定了建筑工人安全行为模型的初步量表。

对于问卷设计中各测量问题，除了特殊情况需要建筑工人填写说明以外，问卷采用了李克特 5 点量表的形式，选择项则统一设定为“1=很不同意，2=不太同意，3=不确定，4=比较同意，5=很同意”以供建筑工人勾选，并在预先设计问卷过程中，考虑到建筑工人们普遍文化程度较低，问卷选项表述尽量浅显易懂以便建筑工人们能充分理解题意。

5.2 测量条款的产生

5.2.1 建筑工人安全影响因素的初始测量条款

1. 企业安全控制的初始量表

企业安全控制是建筑工人安全行为的一个重要影响因素。国内外相当一部分涉及建筑安全的文献都提到了企业安全管理的重要性。Zohar（1980）收集了以色列的金属制造业、食品加工业、化工业以及纺织业的数据，开发出调查问卷以探索高事故率企业与低事故率企业的主要区别，发现管理层安全态度、安全员的地位以及企业安全承诺能起到决定性的作用。Dedobbeleer 等（1991）以非住宅的建筑工地为调研对象，明确以安全管理承诺作为测量的潜变量，安全管理承诺下又包含练习、工头、指导、设备以及安全这五个观察变量。Marion 等（2002）调研建筑企业安全氛围时，将管理层关注作为一个重要的安全氛围要素，其子要素又包含安全练习、危险意识、安全表扬、安全指导、安全会议、安全设备。Keith 等（2009）以建筑行业为调研对象，其安全调查量表也将企业安全承诺作为一个主要的潜变量，其下包括战略考虑、重要性、安全手段、责任、识别与改正、危险预防七项条款。Lee 和 Harrison

（2000）以核工业单位为研究对象，其安全氛围要素包括了就职培训质量、指导复杂性、管理层对安全的关注、管理层对健康的关注等。Means 等（2003）以石油天然气企业为研究标的，总结的安全氛围指标有安全规章程序、管理层承诺、管理者能力等。

通过对已有相关文献进行提炼总结，确定了 7 项测量条款即危险预控（QK1）、安全重视度（QK2）、安全规章执行（QK3）、安全指导（QK4）、安全责任承担（QK7）、安全嘉奖激励（QK8）、安全培训形式化（QK9）。接着又通过对建筑工人的访谈而得到启示，并结合中国的国情再补充加入问卷 3 项初始测量条款，分别为不安全行为惩罚（QK5）、安全管理形式化（QK6）、安全检查（QK10）。最终潜变量企业安全控制的观察变量共 10 项（如表 5-2 所示）。

表 5-2　企业安全控制的初始测量条款

变量		测量问项	条款来源
企业安全控制	QK1	你的上级在及时发现工人们的不安全操作行为并进行制止方面做得好。	Dedobbeleer（1991） Marion（2002） Keith（2009） Lee 和 Harrison（2000） Means 等（2003） 实地调查
	QK2	你们公司领导重视工人们的安全生产问题。	
	QK3	你们公司严格执行安全规章。	
	QK4	你的上级在对工人进行施工安全方面的指导做得好。	
	QK5	如果你的上司发现你违反安全规则施工，他会处罚得很重。	
	QK6	你同意你们单位的安全管理工作只是表面上功夫和走走过场这个看法吗？	
	QK7	在安全事故处理方面，你们公司在担当它应尽的责任并处理工人赔偿问题方面做得好。	
	QK8	你们公司在表扬奖励安全表现好的个人和集体方面做得好。	
	QK9	你同意你们单位对建筑工人安全培训是流于形式这个看法吗？	
	QK10	你们单位内部经常进行安全检查。	

2. 工人消极情绪的初始量表

关于安全绩效方面的文献，也有学者提到工人的消极情绪因素。Brown

和 Holmes（1986）以制造业为研究标的，他们所归纳的安全氛围指标里就包含了雇员身体危险感知。Willianson 等（1997）以澳大利亚的制造业工人为研究对象，明确把工人的宿命论观念涵盖到企业安全氛围的指标体系中。Lee 等（2000）通过调研核动力站的工作人员，也考虑到了个人的压力感指标并将其作为企业安全氛围的测量项目。Sharon（2010）也指出影响个人安全结果的因素应该包括个人的生理和心理的困扰，如睡眠障碍、心理压力等。Leung 等（2012）指出建筑工人的个人压力涵盖不公平的待遇报酬、疲倦感、工作厌倦感等。

通过对已有相关文献进行提炼总结，确定了 4 项测量条款即危险感（XJ1）、工作压力（XJ2）、疲倦感（XJ3）、宿命论（XJ6）。接着又通过对建筑工人的深度访谈以详细了解他们在施工中消极情绪方面的问题，因而得到启发，再补充加入问卷 3 项初始测量条款，分别为紧张焦虑感（XJ4）、死亡恐惧感（XJ5）、担心失业（XJ7）。最终潜变量工人消极情绪的观察变量共 7 项（如表 5-3 所示）。

表 5-3　工人消极情绪的初始测量条款

变量		测量问项	条款来源
工人消极情绪制	XJ1	你的工作没有危险性。	Willianson 等（1997） Lee 等（2000） Sharon（2010） Leung 等（2012） 实地调查
	XJ2	你觉得你的工作压力小。	
	XJ3	你在工作中疲倦感弱。	
	XJ4	你在施工中紧张和焦虑的感觉弱。	
	XJ5	你不害怕死亡。	
	XJ6	安全问题并非生死由天。	
	XJ7	你不担心失去建筑工人这份工作。	

3. 安全技能与交流的初始量表

关于工人的安全技能与交流方面的论述，国内外已有学者进行过探讨与论述，如 Brown 等（1986）调研了美国制造业的企业，研究发现职工的风险觉察力可以作为衡量企业安全氛围的主要指标。Cox 和 Cheyne（2000）也以石油与天然气行业为研究背景，强调雇员的安全交流也能有助于企业安全氛围的提升。Lee 和 Harrison（2000）通过调研英国的核能组织的雇员，认为同事之间的信任、对工作关系的满意以及危险判断熟练度也是影响组织内部的安全氛围的主要指标。Glendon 和 Litherland（2001）调研桥梁建筑工人所确立的安全氛围指标包括交流与帮助、关系以及个人保护设备等。O’Tool（2002）通过调研美国的企业，明确把教育和知识作为衡量企业安全氛围的主要指标。Mearns 等（2003）又通过调查石油与天然气行业的雇员安全状况，指出雇员的安全政策知识、安全交流、安全规章程序、事故报告意愿以及危急情况反应能力也是度量企业安全氛围的指标。

综上所述，通过借鉴以上学者们的研究成果，本书确定了 6 项测量条款即工作互助（JL1）、安全交流（JL2）、危险判断力（JL3）、关心工友（JL4）、安全知识（JL6）和事故报告意愿（JL7）。接着又通过对建筑工人的深度访谈并在考虑中国建筑业的实际情况基础上，再补充加入问卷 2 项初始测量条款，分别为设备安全操作（JL5）和安全规章掌握（JL8）。最终潜变量工人消极情绪的观察变量共 8 项（如表 5-4 所示）。

表 5-4　安全技能与交流的初始测量条款

变量		测量问项	条款来源
安全技能与交流	JL1	如果你不按照安全规则危险施工，你的工友会主动提醒你并努力制止你这样做。	Brown 等（1986） Cox 和 Cheyne（2000） Lee 和 Harrison（2000） Glendon 和 Litherland（2001） O’Tool（2002） Mearns 等（2003） 实地调查
	JL2	你的工友们乐意和你讨论交流如何在施工中保护自身安全的问题。	
	JL3	你觉得你在判断你所作的具体工作的安全隐患和危险方面的能力强。	
	JL4	你关心你的工友们在施工中是否注意自己的安全。	
	JL5	你了解你所需操作的各种施工机械设备和用具的安全操作注意事项。	
	JL6	你的安全知识掌握得好。	
	JL7	你愿意向单位报告大小安全事故。	
	JL8	你清楚企业的安全规章制度。	

4. 政府安全管理的初始量表

对于政府安全管理因素，由于国情等特殊因素，国内学者较国外学者更加重视该因素，如张仕廉等（2008）在其建筑安全影响因素表里就列出测量条款“政府部门未依法有效履行监督管理职责”并对政府建设安全管理部门、建设监理方、承包商、勘察设计方以及各安全中介机构等进行问卷调查。邓小鹏等（2010）基于地铁施工安全事故案例分析，确定影响地铁工程安全也包括政府行为因素，如政府安全制度实施力度以及政府安全监督部门参与项目安全会议和安全检查的频率等考察指标。

由于涉及政府安全管理的国内外文献相对缺乏，因而本书通过调研大量建筑工人，然后针对国内建筑工人的特点设计出了适合建筑工人回答的有关政府安全管理的测量条目（如表 5-5 所示），分别为安全事故处理（ZF1）、安全福利保障（ZF2）、事故上报（ZF3）、政府监管（ZF4）、安全举报（ZF5）。

表 5-5　政府管理的初始测量条款

变量		测量问项	条款来源
政府管理	ZF1	你对政府部门处理安全事故的处理结果感到信任满意。	张仕廉等（2008） 邓小鹏等（2010） 实地调查
	ZF2	你对政府有关建筑工人的安全福利保障满意。	
	ZF3	政府能有效管控你们单位安全事故如实上报情况。	
	ZF4	政府相关部门对你们单位的安全检查和监管有效果。	
	ZF5	你了解向政府部门举报反映企业安全生产问题的渠道和方法。	

5.2.2　建筑工人安全行为的初始测量条款

1. 操作行为表现初始量表

近年来实证研究雇员的安全行为的文献也开始增多，而早期的学术研究就安全行为方面主要关注遵守安全规则，如 Komaki（1980）等度量安全行为的指标包括正确使用设备和器具、正确佩戴个人防护设备以及遵守安全程序。Reber 等（1990）也做了类似的研究并将安全表现定义为行为上服从公司安全程序。Neal 等（2000）将安全行为划分为安全服从与安全参与两大类，安全服从是指必须的行为，而安全参与指的是本质上自愿的行为，此分类也获得相关领域大多数学者的认同。在建筑安全管理研究中，安全行为表现是不容忽视的一个重要变量。Quan（2008）通过调研中国香港地区的建筑分包商，把打破安全规则作为安全行为的一个测量指标。周全和方东平（2009）采用安全执行、安全处理、员工安全防护、遵守安全规范等作为安全行为的测量变量。Sarah（2011）以建筑管道工人为研究对象，在描述安全遵守潜变量时，就使用了遵守标准操作程序、正确使用个人防护设施等观察变量来进行衡量。

Susanna（2013）通过调研建筑承包商的白领和蓝领雇员，把选择安全的方法、安全方面不走捷径、遵守安全规则和程序作为安全行为的考察变量。

通过对已有相关文献进行提炼总结，本书确定了 6 项测量条款即操作自觉性（CX3）、机械操作（CX5）、施工操作（CX7）、安全防护用品（CX8）、安全装备（CX9）、省事行为（CX10）。接着又通过对建筑工人的深度访谈以及工地现场观察以详细了解他们在施工中操作行为表现，因而再补充加入问卷 4 项初始测量条款，分别为侥幸行为（CX1）、怕麻烦行为（CX2）、炫耀行为（CX4）、赶工期行为（CX5）。最终潜变量操作行为表现的观察变量共 10 项（如表 5-6 所示）。

表 5-6　操作行为表现的初始测量条款

变量		测量问项	条款来源
操作行为表现	CX1	你曾因为心存侥幸而采取不安全的施工操作行为	Quan（2008） Sarah 等（2011） Susanna 等（2013） 周全和方东平（2009） 实地调查
	CX2	你曾经因为怕麻烦等原因不佩戴应该佩戴的安全保护装备	
	CX3	在无人监督的情况下你也做到了安全操作	
	CX4	你曾经为了展示你的技术水平高而违法安全规则	
	CX5	你严格遵守安全规则程序进行了机械设备操作	
	CX6	你曾因为工作任务压力、赶工期而采取不安全的施工操作行为	
	CX7	你严格遵守安全规则程序进行了施工操作	
	CX8	你严格按照安全规则程序穿戴了安全防护用品（如安全带、安全鞋、防护手套等）	
	CX9	在施工中你戴安全帽等自我保护装备	
	CX10	你曾因为图方便省事而采取不安全的施工操作行为	

2. 安全参加初始量表

除了安全遵守外，安全参加也是安全管理领域学者广泛承认的度量安全行为的一个主要变量。Morrison（1998）采用了六个维度度量安全参加潜变量，即帮助（如自愿教新员工安全规则）、表达（鼓励他人参与安全活动）、照管（如保护同事免受安全威胁）、检举（告发违反安全规则的同事）、安全知识更新（如参加非强制的安全会议）以及发起改进工作场所的安全环境。Sarah

（2011）在度量安全参加这个变量时，采用的测量条目有适当地汇报安全事故和疾病、帮助他人以确定是否安全履行工作、支持他人参与安全议题、采取行动阻止同事的不安全行为、主动参加非强制性的安全培训等。

通过对已有相关文献进行提炼总结，本书确定了 3 项测量条款即反映问题（CJ2）、事故报告（CJ3）、安全参与（CJ4）。接着又通过对建筑工人的深度访谈调研，因而再补充加入问卷 1 项初始测量条款即排除隐患（CJ1）。最终潜变量安全参加的观察变量共 4 项（如表 5-7 所示）。

表 5-7 安全参加的初始测量条款

变量		测量问项	条款来源
安全参加	CJ1	你排除过施工场所的安全隐患和安全威胁。	Quan（2008） Sarah 等（2011） Susanna 等（2013） 实地调查
	CJ2	你向上级报告和反映过施工现场的大大小小的安全隐患和问题。	
	CJ3	你曾经向上级报告过自己的或工友的小的安全事故和轻的工伤情况。	
	CJ4	你积极参与过单位或政府组织的有关安全生产的活动。	

3. 帮助工友行为初始量表

对同事之间的协助行为的研究在国内外文献也有所涉及。Glendon 和 Litherland（2001）在研究桥梁建筑工人的安全问题是也提到了交流帮助、同事关系等。Susanan（2013）在将安全行为划分为结构安全行为、交互安全行为以及个人安全行为，其中交互安全行为则是指同事之间在安全方面的合作行为。

通过对已有相关文献进行总结提炼，本书确定了 2 项测量条款即帮忙工友（BY3）、救助工友（BY4）。接着又通过对国内建筑工人的深度访谈调研，再补充加入问卷 2 项初始测量条款即提醒工友（BY1）和教导工友（BY2）。最终潜变量帮助工友行为的观察变量共 4 项（如表 5-8 所示）。

表 5-8 帮助工友行为的初始测量条款

变量		测量问项	条款来源
帮助工友行为	BY1	你提醒制止过工友的不安全生产行为。	Quan（2008） Sarah 等（2011） Susanna 等（2013） 实地调查
	BY2	你主动教过违反安全规章的工友如何进行安全操作。	
	BY3	你帮助过工友检查和穿戴安全保护装备。	
	BY4	你曾经参与救助过受大大小小工伤的工友。	

5.2.3 安全结果的初始测量条款

近年来实证研究雇员的安全结果的文献也有增长趋势。建筑安全管理研究的主要目的就是使安全结果朝着好的方向发展。Keith（2009）研究安全结果时采用安全记录的方法，引入 EMR（实践改进比率）、IRI（发生率记录比率）指标来度量安全结果。除了研究建筑工人的安全结果，也有学者把目光转移到研究企业的安全业绩，如 Beatriz（2009）收集了来自工业和服务业以及建筑业的数据，考察企业的安全业绩时考虑了保险成本、安全事故、损失、负债、法律成本、旷工、医疗成本等指标。结合中国建筑行业的特点及中国建筑工人的工作特性，本研究编制了考察安全结果的初步量表。

1. 损失结果初始量表

Smallman（2001）指出安全事故会导致企业的形象和声誉受到负面影响，甚至会引起企业的公共关系的恶化。董大旻和冯凯梁（2012）在研究高危企业的安全绩效时，也将事故损失作为其主要考察指标。Sharon（2010）在考察安全结果时采用了雇员睡眠障碍疾病、身体疾病、压力症状、心理疾病等指标进行计量。Omosefe（2011）在对建筑业的安全管理研究中，将安全结果作为因变量，并将其划分为损伤记录、报告自身损伤情况以及差点出事情况、工作时间损失三个方面。

通过对已有相关文献进行总结提炼，本书确定了 4 项测量条款即时间损失（SJ2）、事故边缘（SJ3）、职业伤病（SJ4）、工伤请假（SJ5）。接着又通过对施工企业管理人员和建筑工人的深度访谈而得到启发，再补充加入问卷 3 项初始测量条款，分别为单位经济损失（SJ1）、医疗成本（SJ6）、旷工损失（SJ7）。最终潜变量损失结果的观察变量共 7 项（如表 5-9 所示）。

表 5-9 损失结果的初始测量条款

变量		测量问项	条款来源
损失结果	SJ1	你们单位发生过的安全事故导致单位经济损失高。	Smallman（2001） 董大旻（2012） Omosefe（2011） 实地调查
	SJ2	你因为工伤所受的工作时间损失（如请假等）大。	
	SJ3	你回忆你在施工中差点出安全事故受伤的情况多。	
	SJ4	你因为施工工作落下了职业伤病或工伤伤病（如腰痛、背痛、关节痛、骨头痛等）。	

续表

变量		测量问项	条款来源
损失结果	SJ5	你曾经经常因为工伤请假休息过。	Smallman（2001）
	SJ6	你们单位出过安全事故的工人自己承担的医疗成本高。	董大旻（2012） Omosefe（2011）
	SJ7	你们单位出了安全事故的工人旷工损失高。	实地调查

2. 工伤初始量表

建筑安全管理的重要目的就是降低建筑工人伤亡率。Yueng（2006）在调研分析来自制造业、服务业以及交通运输业的数据，把伤害发生率作为考察安全控制的一个主要维度，并向雇员问卷询问其工伤状况，但结论却发现企业的安全氛围与雇员的工伤之间并不存在显著的因果关系。Tahira（2013）在测量造纸厂工人安全结果时，则考虑了事故经历、未报告的安全事故、工作场所伤害等指标。周全（2009）在对中国施工企业进行实证研究时，采用了自报告事故率这个指标来进行测量，其调查问卷所设计的 3 个问题分别是：过去施工过程中有没有曾被料具刮伤身体；过去施工过程中有没有摔伤；过去施工过程中有没有被砸伤。

通过对已有相关文献进行总结提炼，本书确定了 2 项测量条款即工伤频率（GS1）、工伤严重程度（GS2）。接着又通过对施工企业管理人员和建筑工人的深度访谈而得到启发，再补充加入问卷 1 项初始测量条款即工伤类型数量（GS3）。最终潜变量工伤的观察变量共 3 项（如表 5-10 所示）。

表 5-10　工伤的初始测量条款

变量		测量问项	条款来源
工伤	GS1	据你回忆，你当建筑工人的过去 3 年间的受工伤情况多。	Yueng（2006） Tahira（2013）
	GS2	你曾受过的工伤程度严重。	周全（2009）
	GS3	你曾经受过的工伤类型多。	实地调查

5.3　本章小结

本章首先对建筑工人安全行为与消极安全结果模型构思了研究设计，包含界定研究对象、样本抽取方法与样本容量的确定、调查问卷发放和回收以及选择拟采用的数据分析方法。其次详细地解释说明了各具体测量条款的来源和理论依据，为进行下一步的样本数据收集和分析做了较充足的准备工作。

6 模型数据分析与结果

本章主要是通过小样本数据分析来修正初始调查问卷，接着利用修正后的问卷进行大样本数据采集，并对数据进行初步描述性统计分析；其次，对数据质量进行初步评估，利用得到的数据对测量量表再次进行信度和效度分析；再次，进一步针对本书的研究设计，对测量变量进行了验证性因子分析（CFA），运用的工具是适合于做结构方程分析的常用软件 AMOS 17.0；最后，对整个建筑工人安全行为和消极结果结构模型进行假设检验，并详细解释了该模型中有显著因果关系的路径和代表意义。

6.1 前测分析

本研究在总结整理不同学者的研究结果的基础上，通过实地调研访谈，确定各变量的测量条款，从而初步制定了新的测量量表，那么就很有可能出现不能通过信度与效度检验的初始测量条款，需要删除、调整或改进。在研究进程中，即使拟照前人编制的量表，最可靠的还是必须要有预测试的环节以重新检验其信度。由于受试对象会因时间空间等外界因素的干扰，从而对量表内在含义产生不同的理解与感受。本研究采用 CITC 分析和 α 信度系数法筛选初始测量条款。

一般来说，当 CITC<0.4 时，表示该题项与其他题项的相关程度低，该题项与其余题项所测量的心理或者潜在特质的同质性较低，则须删除该测量条款。那么，α 信度系数到底要多大才能意味着测验分值是可靠的？根据 Henson（2001）的看法，这和测验分数如何使用以及研究目的相关，如果研究者的目的是制定预测问卷，测验某构念的先导性，信度系数须在 0.5 以上。

本研究于 2011 年 7 月以四川省成都市的房屋建筑施工企业的建筑工人为样本，使用设计的初始问卷进行了小样本调查，以便分析问卷设计质量以及净化问卷条款。考虑到建筑工人普遍文化水平较低，因此问卷采用纸质问卷的形式，问卷题目也尽量设计得简单易懂，方便建筑工人回答。本课题先联系到目标企业的管理人员并向其解释问卷调查目的仅限于学术研究，因企业安全管理也是属于敏感问题，大多数施工企业比较介意外界来考察其安全管理状况。在征得目标企业同意后，由施工企业多名项目管理人员负责向不同建筑工地的建筑工人发放与回收调查问卷。为了保护施工人员的隐私，使用匿名方式进行问卷调查。为了鼓励建筑工人积极回答问题，每一位回答问卷的建筑工人被赠送一支答卷所用签字笔作为小礼品。本次小样本测试总共发出问卷 120 份，由于是建筑工人们的管理人员负责回收问卷，问卷得以全部回收，但也有少部分建筑工人存在问卷漏答题目较多的情况，所以有效问卷减少到 106 份，有效回收率为 88.3%。

6.1.1 建筑工人安全影响因素量表的信度分析和探索性因子分析

1. 企业安全控制的 CITC 和内部一致性信度分析

表 6-1 显示了检验结论，企业安全控制的 Cronbach's α 系数是 0.819，高于 0.5 的可接受水平，且各测量条款的 CITC 值都大于可接受水平 0.4，因而可以得出的结论是企业安全控制量表的内部一致性较高，信度符合基本要求，表明初步所构建量表的构成也是合理的。

表 6-1 企业安全控制量表的 CITC 和内部一致性信度分析

变量	项目	CITC	删去该项后的 Cronbach's α 系数	评价	Cronbach's α 系数
企业安全控制	QK1	0.461	0.807	合理	0.819
	QK2	0.544	0.798	合理	
	QK3	0.401	0.813	合理	
	QK4	0.473	0.806	合理	
	QK5	0.580	0.794	合理	
	QK6	0.434	0.810	合理	
	QK7	0.631	0.789	合理	
	QK8	0.451	0.810	合理	
	QK9	0.517	0.802	合理	
	QK10	0.537	0.799	合理	

2. 工人消极情绪量表的CITC和内部一致性信度分析

从表6-2可以看出，工人消极情绪量表的7项测量条款中，测量条款XJ5、XJ6、XJ7的CITC值的绝对值都达不到0.4的基本要求，并且如果删掉XJ5、XJ6、XJ7反而会使整个量表的α系数升高到0.800，这也符合测量条款删除标准，因此将XJ5、XJ6、XJ7删除。最后量表整体的Cronbach's α系数为0.800，大于可接受水平0.5，说明量表测量是稳定可靠的。

表6-2　工人消极情绪量表的CITC和内部一致性信度分析

变量	项目	CITC	删去该项后的Cronbach's α系数	评价	Cronbach's α系数
工人消极情绪	XJ1	0.501	0.529	合理	α_1=0.628 α_2=0.800
	XJ2	0.515	0.536	合理	
	XJ3	0.524	0.543	合理	
	XJ4	0.530	0.543	合理	
	XJ5	0.270	0.638	删除	
	XJ6	−0.028	0.674	删除	
	XJ7	0.169	0.640	删除	

3. 安全技能与交流量表的CITC和内部一致性信度分析

表6-3显示，安全技能与交流测量题项中，CITC指数均大于可接受水平0.4，并且删除任何题项之后，量表的α系数都得不到提高，因此，不必删除任何题项。由于所有题项的α系数为0.854，说明安全技能与交流测量题项的信度比较高，表明初步所构建量表的构成也是合理的。

表6-3　安全技能与交流量表的CITC和内部一致性信度分析

变量	项目	CITC	删去该项后的Cronbach's α系数	评价	Cronbach's α系数
安全技能与交流	JL1	0.686	0.825	合理	0.854
	JL2	0.651	0.829	合理	
	JL3	0.625	0.832	合理	
	JL4	0.516	0.845	合理	
	JL5	0.587	0.837	合理	
	JL6	0.600	0.835	合理	
	JL7	0.511	0.846	合理	
	JL8	0.583	0.837	合理	

4. 政府安全管理量表的 CITC 和内部一致性信度分析

由表 6-4 可知，政府安全管理测量题项中，ZF5 的 CITC 指数小于可接受水平 0.4，并且，删除 ZF5 题项之后，α 系数由原来的 0.689 提高到 0.705，所以 ZF5 题项须删除。删除 ZF5 后量表整体的 Cronbach's α 系数为 0.705，大于可接受水平 0.5，说明量表的信度是符合要求的。

表 6-4　政府安全管理量表的 CITC 和内部一致性信度分析

变量	项目	CITC	删去该项后的 Cronbach's α 系数	评价	Cronbach's α 系数
政府安全管理	ZF1	0.583	0.591	合理	α_1=0.689 α_2=0.705
	ZF2	0.645	0.535	合理	
	ZF3	0.473	0.681	合理	
	ZF4	0.409	0.654	合理	
	ZF5	0.262	0.705	删除	

5. 建筑工人安全影响因素量表的探索性因子分析

在分别对企业安全控制、工人消极情绪、安全技能与交流、政府安全管理的测量量表进行信度分析与改进后，本书继续对改进后的量表再进行探索性因子分析，从而再考察是否还存在某些测量条款需要进一步调整和纯化。本研究应用 SPSS 18.0 软件包进行探索性因子分析。因子分析的主要目标是对众多原有变量进行缩减，即把原有变量中的信息重叠部分进行综合，以减少变量个数，从而达到简化的目的。并非任何样本都适合做因子分析，常用的判断样本是否可以做因子分析的判断方法是 KMO 样本测度（Kaiser-Meyer-Olkin Measure of Sampling Adequacy）和巴特莱特球体检验（Bartlett Test of Sphericity）。根据 Kaiser（1974）的看法，在因子分析过程中，KMO 指标值的判断准则如表 6-5 所示。

表 6-5　KMO 指标值的判断准则

KMO 统计量值	判别说明	因子分析适切性
0.90 以上	极适合进行因子分析	极佳的
0.80 以上	适合进行因子分析	良好的
0.70 以上	尚可进行因子分析	适中的
0.60 以上	勉强可进行因子分析	普通的
0.50 以上	不适合进行因子分析	欠佳的
0.50 以下	非常不适合进行因子分析	无法接受的

根据表 6-5，本研究采用的判断标准为如果 KMO 值大于 0.6 则进行因子分析，否则不进行因子分析。于是本研究对建筑工人安全行为影响因素问卷进行了 KMO 检验和巴特莱特球体检验，分析结果如表 6-6 显示，KMO 是 0.798，巴特莱特球体检验的显著度为 0.000，说明该样本满足进行因子分析的前提条件。

表 6-6　巴利特球形检验与 KMO 分析结果

Kaiser-Meyer-Olkin Measure of Sampling Adequacy		0.798
Bartlett's Test of Sphericity	Approx. Chi-Square	619.093
	df	120
	Sig.	0.000

在因子分析过程中，本书采纳的是常用的主成分分析法，因子旋转选用的是方差最大（Varimax）法，因子提取的标准设为特征值大于 1。为发掘较适宜的因素结构，研究者必须不断试探与尝试，反复地删减调整测量题项变量，才能找出一个具有最佳效度的因素结构。

又根据各因子的总方差解释结果（如表 6-7 所示），共有 4 个因子的特征值大于 1，4 个因子能够解释的方差累计比例达到为 63.984%。在社会科学领域中，若是所萃取的共同因素累积解释变异量在 50%以上，因素分析结果是可以接受的。另外，从表 6-8 可以看出各测量条款的因子负载都高于可接受水平 0.4，表明这些测量条款可以简化成四个因子来代表，即安全技能与交流、企业安全控制、工人消极情绪和政府安全管理，这与本研究理论假设部分也是相符的。

表 6-7　安全影响因素总方差解释

成分	初始特征值			提取平方和载入			旋转平方和载入		
	合计	方差的%	累积%	合计	方差的%	累积%	合计	方差的%	累积%
1	4.354	29.028	29.028	4.354	29.028	29.028	2.904	19.359	19.359
2	2.531	16.872	45.900	2.531	16.872	45.900	2.574	17.162	36.521
3	1.695	11.298	57.197	1.695	11.298	57.197	2.446	16.307	52.828
4	1.018	6.787	63.984	1.018	6.787	63.984	1.674	11.157	63.984
5	0.916	6.106	70.090						
6	0.763	5.089	75.179						
7	0.671	4.475	79.654						
8	0.604	4.024	83.678						
9	0.494	3.291	86.969						

续表

成分	初始特征值			提取平方和载入			旋转平方和载入		
	合计	方差的%	累积%	合计	方差的%	累积%	合计	方差的%	累积%
10	0.412	2.749	89.719						
11	0.353	2.356	92.075						
12	0.333	2.223	94.298						
13	0.303	2.020	96.318						
14	0.290	1.934	98.252						
15	0.262	1.748	100.000						

在探索性因子分析过程中，测量条目删减的判断原则主要有：

（1）若某个测量条款自成一个因子，因缺乏内部一致性，应予以删除。

（2）旋转后因子负荷值必须大于0.4才具有收敛效度，小于0.4者须被删除。

（3）区分效度的要求是某测量条款在所属因子上的负荷越接近1越好，然而它在其他因子上的负荷要求越接近0越好。假如某测量条款同时在两个以上（包括两个）因子的负荷都比0.4高，或在任何因子上的负荷都达不到0.4，这都归为横跨因子现象，则该测量条款应该予以删除。

根据以上原则，企业安全控制的初始测量条款中，被删除的测量条款有5项，分别是QK6、QK7、QK8、QK9、QK10。工人消极情绪的初始测量条款中，被删除的测量条款有1项即XJ1。安全技能与交流的初始测量条款中，被删除的测量条款有3项，分别是JL6、JL7、JL8。政府安全管理的初始测量条款中，被删除的测量条款有2项，分别是ZF3、ZF4。建筑工人安全行为影响因素量表因子分析结果如表6-8所示。

表6-8　安全影响因素量表因子分析

测量条款	因子1	因子2	因子3	因子4
JL2	0.854			
JL5	0.804			
JL1	0.773			
JL4	0.638			
JL3	0.585			
QK1		0.791		
QK5		0.753		
QK2		0.657		

续表

测量条款	因子 1	因子 2	因子 3	因子 4
QK4		0.614		
QK3		0.611		
XJ4			0.838	
XJ2			0.779	
XJ3			0.747	
ZF1				0.837
ZF2				0.726

6.1.2 建筑工人安全行为量表的信度分析和探索性因子分析

1. 操作行为表现量表的 CITC 和内部一致性信度分析

由表 6-9 可以看出，操作行为表现测量题项中，CITC 指数均大于可接受水平 0.4，并且整个量表的 α 系数为 0.890，也达到了可接受水平 0.5。表中数据显示，删减任一条目，α 系数都无法得到显著提高，因而不必删除任何题项。

表 6-9 操作行为表现量表的 CITC 和内部一致性信度分析

变量	项目	CITC	删去该项后的 Cronbach's α 系数	评价	Cronbach's α 系数
操作行为表现	CX1	0.461	0.807	合理	0.890
	CX2	0.593	0.881	合理	
	CX3	0.719	0.872	合理	
	CX4	0.515	0.887	合理	
	CX5	0.576	0.882	合理	
	CX6	0.574	0.883	合理	
	CX7	0.655	0.877	合理	
	CX8	0.621	0.880	合理	
	CX9	0.697	0.874	合理	
	CX10	0.635	0.878	合理	

2. 安全参加的 CITC 和内部一致性信度分析

由表 6-10 可见，安全参加测量题项中，题项 CJ4 的 CITC 指数小于可接受水平 0.4，并且删除该题项之后，α 系数由原来的 0.624 提升到 0.632，满足删除标准，因此 CJ4 题项应予删除。删除后量表整体的 Cronbach's α 系数为 0.632，大于可接受水平 0.5，说明量表符合研究的要求。

表 6-10　安全参加量表的 CITC 和内部一致性信度分析

变量	项目	CITC	删去该项后的 Cronbach's α 系数	评价	Cronbach's α 系数
安全参加	CJ1	0.434	0.540	合理	α_1=0.624 α_2=0.632
	CJ2	0.455	0.513	合理	
	CJ3	0.445	0.522	合理	
	CJ4	0.297	0.632	删除	

3. 帮助工友行为的 CITC 和内部一致性信度分析

从表 6-11 可以看出，帮助工友行为题项中，题项 BY4 的 CITC 指数小于可接受水平 0.4，并且删除该题项之后，α 系数由原来的 0.646 提升到 0.701，符合删除标准，因此 BY4 题项应予删除，其余三个测量条款均给予保留。删除后量表整体的 Cronbach's α 系数为 0.701，大于可接受水平 0.5，表明所构建量表的构成也是合理的。

表 6-11　帮助工友行为表现量表的 CITC 和内部一致性信度分析

变量	项目	CITC	删去该项后的 Cronbach's α 系数	评价	Cronbach's α 系数
帮助工友行为	BY1	0.496	0.537	合理	α_1=0.646 α_2=0.701
	BY2	0.567	0.477	合理	
	BY3	0.422	0.580	合理	
	BY4	0.262	0.701	删除	

4. 建筑工人安全行为量表的探索性因子分析

在分别对操作行为表现、安全参加、帮助工友行为的测量量表进行信度分析与纯化后，然后本研究再对剩余的条款进行探索性因子分析，以判断是否存在测量条款需要进一步调整和纯化。分析结果如表 6-12 所示，KMO 为 0.843，巴特莱特球体检验的显著度为 0.000，说明该样本满足进行因子分析的前提条件。

表 6-12 巴利特球形检验与 KMO 分析结果

Kaiser-Meyer-Olkin Measure of Sampling Adequacy		0.843
Bartlett's Test of Sphericity	Approx. Chi-Square	680.716
	df	120
	Sig.	0.000

在因子分析过程中，为发掘较适宜的因素结构，研究者必须不断试探与尝试，反复地删减调整测量题项变量，才能找出一个具有最佳效度的因素结构。根据测量条目删减的判断原则，这 16 个测量条款都达到了要求，因此都予以保留。

又根据各因子的总方差解释结果（如表 6-13 所示），结果显示有 3 个因子的特征值都大于 1，被这 3 个因子解释的方差累计比例达到为 57.122%，也满足共同因素累积解释变异量在 50%以上的基本要求，因此可以判断该因子分析结果是可以接受的。另外，从表 6-14 可以看出各测量条目的因子负载都大于最低接受水平 0.4，表示这些测量条目可以简化成 3 个因子来代表，即操作行为表现、帮助工友行为、安全参加，这与本研究理论假设也是相符的。

表 6-13 安全行为总方差解释

成分	初始特征值			提取平方和载入			旋转平方和载入		
	合计	方差的%	累积%	合计	方差的%	累积%	合计	方差的%	累积%
1	5.750	35.940	35.940	5.750	35.940	35.940	4.957	30.981	30.981
2	2.308	14.425	50.365	2.308	14.425	50.365	2.588	16.172	47.153
3	1.081	6.757	57.122	1.081	6.757	57.122	1.595	9.969	57.122
4	0.946	5.913	63.035						
5	0.898	5.610	68.645						
6	0.736	4.601	73.246						
7	0.678	4.237	77.484						
8	0.606	3.785	81.269						
9	0.508	3.175	84.444						
10	0.480	3.003	87.447						
11	0.446	2.786	90.232						
12	0.423	2.642	92.874						
13	0.375	2.342	95.216						
14	0.305	1.904	97.120						
15	0.248	1.547	98.667						
16	0.213	1.333	100.000						

建筑工人安全行为量表因子分析结果如表 6-14 所示。

表 6-14　安全行为量表因子分析

测量条款	因子 1	因子 2	因子 3
CX10	0.764		
CX2	0.755		
CX8	0.733		
CX4	0.732		
CX9	0.699		
CX6	0.698		
CX7	0.697		
CX1	0.686		
CX5	0.624		
CX3	0.460		
BY2		0.885	
BY1		0.699	
BY3		0.605	
CJ3			0.568
CJ2			0.513
CJ1			0.434

6.1.3　安全结果量表的信度分析和探索性因子分析

1. 损失结果量表的 CITC 和内部一致性信度分析

检验结果如 6-15 所示。损失结果量表的 Cronbach's α 系数为 0.757，超过了 0.5 的可接受水平，且各测量条款的 CITC 值都大于 0.4 的可接受水平，所以各测量条款都予以保留。综合以上这些指标来看，损失结果量表的信度符合基本要求，说明量表设计是合理的。

表 6-15　损失结果量表的 CITC 和内部一致性信度分析

变量	项目	CITC	删去该项后的 Cronbach's α 系数	评价	Cronbach's α 系数
损失结果	SJ1	0.405	0.742	合理	0.757
	SJ2	0.478	0.726	合理	
	SJ3	0.471	0.728	合理	
	SJ4	0.515	0.718	合理	
	SJ5	0.522	0.720	合理	
	SJ6	0.483	0.725	合理	
	SJ7	0.462	0.730	合理	

2. 工伤量表的 CITC 和内部一致性信度分析

具体检验结果如表 6-16 所示。工伤量表的 Cronbach's α 系数为 0.750，达到了 0.5 的可接受水平，且各测量条款的 CITC 值都大于 0.4 的可接受水平，并且无论删除哪一条款都无法提高 Cronbach's α 系数，所以各测量条款都予以保留。综合以上这些指标来看，工伤量表的信度符合基本要求，说明量表设计是合理的。

表 6-16　工伤量表的 CITC 和内部一致性信度分析

变量	项目	CITC	删去该项后的 Cronbach's α 系数	评价	Cronbach's α 系数
工伤	GS1	0.520	0.729	合理	0.750
	GS2	0.691	0.523	合理	
	GS3	0.542	0.707	合理	

3. 安全结果量表的探索性因子分析

在分别对损失结果和工伤这两个测量量表进行信度分析与纯化后，然后再对剩余的测量条款进行探索性因子分析，以判断是否存在测量条款需要进一步调整和删除。分析结果显示，KMO 为 0.694，巴特莱特球体检验的显著度为 0.000，说明该样本满足进行因子分析的前提条件（如表 6-17 所示）。

表 6-17　巴利特球形检验与 KMO 分析结果

Kaiser-Meyer-Olkin Measure of Sampling Adequacy		0.694
Bartlett's Test of Sphericity	Approx. Chi-Square	230.625
	d*f*	36
	Sig.	0.000

在因子分析过程中，为发掘较适宜的因素结构，研究者必须不断试探与尝试，反复地删减调整测量题项变量，才能找出一个具有最佳效度的因素结构。又根据各因子的总方差解释结论（如表 6-18 所示），可以看出有两个因子的特征值都大于 1，被这两个因子解释的方差累计比例达到为 52.579%，也满足共同因素累积解释变异量在 50%以上的基本要求，因此因子分析结果是可以接受的。另外，从表 6-19 可以看出各测量条款的因子负载都大于可接受水平 0.4，表明这些测量条款可以简化成两个因子来代表，即损失结果和工伤，这与符合本研究理论假设。

表 6-18 安全结果总方差解释

成分	初始特征值			提取平方和载入			旋转平方和载入		
	合计	方差的%	累积%	合计	方差的%	累积%	合计	方差的%	累积%
1	2.788	30.975	30.975	2.788	30.975	30.975	2.664	29.603	29.603
2	1.944	21.604	52.579	1.944	21.604	52.579	2.068	22.976	52.579
3	0.980	10.893	63.472						
4	0.825	9.166	72.638						
5	0.716	7.961	80.599						
6	0.588	6.530	87.129						
7	0.436	4.847	91.975						
8	0.419	4.652	96.627						
9	0.304	3.373	100.000						

根据测量条目删减的判断原则，SJ2 这个测量条款的因子负荷低于 0.4，未达到要求，予以删除，其他测量条款则予以保留。安全结果量表因子分析结果如表 6-19 所示。

表 6-19 安全结果量表因子分析

测量条款	因子 1	因子 2
SJ6	0.742	
SJ4	0.714	
SJ5	0.701	
SJ7	0.662	
SJ3	0.594	
SJ1	0.459	
GS2		0.862
GS1		0.802
GS3		0.751

6.2 正式调研数据分析

6.2.1 数据搜集

本研究主要是研究建筑工人安全行为和安全结果的内在机制，因而本研究的研究样本必须具有如下两个条件：一是受访者必须是正在建筑行业从事一线建筑生产工作的劳动者；二是受测者须对建筑生产工作达到相当的熟悉程度和具备一定的工作经验。为使样本具备研究代表性，本研究全部研究对象确定为施工企业在建楼盘的各类工种的一线建筑工人。为了与以前收集的小样本建筑工人数据相区别开，避免重复调查，本课题联系到成都成华区政府下属某城市建设投资公司某大型拆迁安置住宅小区的主要负责人。因为建筑安全问题是企业领导们比较忌讳和敏感的问题，为了打消企业管理人员对于调查的顾虑和担忧，本研究承诺对企业相关具体信息保密。在问卷设计中也特意在问卷指导语中向建筑工人说明本次调研是出于纯学术研究目的，并强调问卷填写是匿名的，以免建筑工人们担心自己对于建筑安全的真实观点被同事或者领导了解而不愿意透露真实想法。问卷由其项目管理人员派发给建筑工人，并也赠送给每一位建筑工人答卷用笔的小礼物，以鼓励建筑工人积极如实填写问卷。问卷完成后则请项目管理人员代为收集，再统一取回。

那么，结构方程分析选定多少样本合适？关于该问题，某些研究者遵循有关统计的重要准则，也就是一般每个观察变量最少需要十个样本，或二十个样本。对于结构方程分析，样本的数量越多越好，这也是统计推断的一般原理。然而样本数越大，则绝对适配度指数 x^2 越易达到显著（$p<0.05$），模型也就越易被拒绝。因此平衡样本规模和整体模型适配度并不容易把握。学者 Schumacker 和 Lomax（1996）研究发现大多数的结构方程研究的样本数选择定在 200 至 500 之间的区域，然而在行为和社会科学领域中，有时某些研究取样的样本会少于 200 或多于 500。学者 Bentler 和 Chou（1987）认为样本数量与变量的分布状态有关，当变量服从正态或椭圆分布情形，则每个观察变量需要 5 个样本就符合基本要求了,其他分布则该数量须增加至 10 个以上。Kling（1998）建议为了保证结构方程的参数估计结果稳定可靠，样本数不可低于 100。Rigdon（2005）指出欲使模型估计结果可靠，则对结构方程模型的样本大小要求是至少大于 150，除非有理想的变量间方差矩阵系数，观察变量数如果超过 10 个，而样品的数量小于 200，则意味着模型参数估计达不到稳定状态，并且其统计检验力也较低。学者 Baldwin（1989）研究指出在下列四种情况下的 SEM 模型分析需要大样本：① 模型中使用较多的观察变量时；② 模型复杂，有更多的参数需要被估计时；③ 估计方法需符合更多参数估计理论时（如采用非对称自由分布法——ADF 法）；④ 研究者想要进一步执行模型序列搜索时，此时样本数最好在 200 以上。Lomax（1989）与 Loehlin（1992）的观点是对于结构方程模型，如果无法获得 200 以上的样本量，那起码也要

保证 100 个。Muller（1997）的观点是样本数量至少大于 100，200 以上效果更好，如果从观察变量的数目角度来考察该问题，则样本的数量与观察变量的数量的合适比例为 10∶1 至 15∶1 之间（Thompson，2000）。

参照以上标准并考虑到问卷调查还会受到问卷回收率的影响以及调查能力的有限性，所以初步将样本量确定在发放 450 份建筑工人调查问卷，在对所有调查问卷进行检查的过程中，作废了某些存在漏填较多等情况的低质量问卷，最后统计合格的调查问卷是 408 份，计算的回收率达到 90.7%。

6.2.2 描述统计

1. 样本基本特征的描述性统计

从回收问卷的答卷整理来看，被调查者态度认真，对自身安全权益也十分关心，积极配合填写问卷，为本书以后的实证研究铺垫了良好的数据基础。本研究对建筑工人样本的性别、年龄、婚姻状态、教育水平、工种、从事建筑行业年限、吸烟习惯、喝酒习惯等个体情况作了基本统计调查，建筑工人调研样本的基本统计情况如表 6-20 所示。

表 6-20 调查样本基本情况

统计指标		频次	比例（%）
性别	男	330	80.9
	女	78	19.1
年龄	19 岁以下	1	0.2
	20～29 岁	73	17.9
	30～39 岁	198	48.5
	40～49 岁	120	29.4
	50 岁以上	16	3.9
婚姻状态	单身	85	20.8
	已婚	323	79.2
教育水平	没读过书	29	7.1
	小学	114	27.9
	初中	213	52.2
	高中	41	10.0
	大学及以上	11	2.7

续表

统计指标		频次	比例（%）
从事建筑行业年限	5年以下	65	15.9
	5～9年	89	21.8
	10～14年	139	34.1
	15～19年	57	14.0
	20年以上	58	14.2
工种	模板工	15	3.7
	泥瓦工	64	15.7
	木工	90	22.1
	电工	12	2.9
	漆工	11	2.7
	焊工	2	0.5
	钢筋工	83	20.3
	架子工	43	10.5
	抹灰工	7	1.7
	起重工	4	1.0
	其他	77	18.9
吸烟习惯	要吸烟，有时上班时也吸	74	18.1
	要吸烟，但上班时不吸	195	47.8
	不吸烟	139	34.1
喝酒习惯	要喝酒，有时上班时也喝	2	0.5
	要喝酒，但上班时不喝	246	60.3
	不喝酒	160	39.2

建筑工人调查对象性别的分布情况是：在408份有效问卷中，男性比例高达80.9%，而女性仅仅占总数的19.1%，说明目前建筑行业一线建筑工人的构成主体仍然以男性为主，当然这与建筑工人这个职业具有体力性和劳务性等特征也有紧密关系。

在年龄分布方面，被调查者中年龄50岁以下的比例高达96.1%，40岁以下的比例达到66.7%，说明建筑工人劳动大军这个群体主要还是以中青年人为主。

在婚姻状态程度方面，被调查者已婚的受访者较多，比例高达 79.2%。

调查对象学历的分布情况是，初中以下文化水平的建筑工人比例达到了 87.2%，高中以上的文化水平的仅占 12.7%，说明建筑工人群体的教育水平普遍层次较低，绝大部分没有接受过高等教育和正规的成系统的建筑技术培训。

从调查对象从事建筑行业年限的分布情况来分析，从事建筑行业年限达到五年以上的比例为 84.1%，说明大部分受访对象都具备较丰富的建筑工作经验，熟悉自身的工作，因而其回答的问卷也有相当的可靠程度。

从调查对象工种的分布情况来分析，比例最高的是木工，占到 22.1%，其次是比例占到 20.3%的钢筋工。所收集的样本数据中显示建筑工人的工种比较齐全，涵盖模板工、泥瓦工、木工、电工、焊工、钢筋工、架子工、起重工、穿线工、信号工、抹灰工、安装工、漆工等，说明样本数据具备相当的代表性。

从受访对象的吸烟与喝酒的生活习惯来看，“有时上班时也吸”的比例为 18.1%，“有时上班时也喝”的比例为 0.5%。由于上班吸烟喝酒也有害于建筑工人施工工作，调查结果显示建筑工人在吸烟方面的情况要比喝酒方面严重。

2. 测量条款的描述性统计

本研究采用的 SEM 建模的方法要求数据是正态分布的。数据是不是正态分布，主要靠峰度和偏度来判断。Kline（1998）的观点是样本基本上服从正态分布的条件是偏度绝对值低于 3，峰度绝对值低于 10。

本次调查问卷中各变量测量条款的偏度和峰度等描述性统计量如表 6-21 所示，从该表可以看出，偏度和峰度都满足基本要求，因此可以得出结论，即此次大规模收集的建筑工人调研数据是满足正态分布基本要求的。

表 6-21　各变量测量条款调查数据的描述性统计分析

测量条款	样本数	最小值	最大值	均值	标准差	偏度		峰度	
						偏度值	标准误差	峰度值	标准误差
QK1	408	2.00	5.00	4.1442	0.69890	−0.371	0.166	−0.316	0.330
QK2	408	1.00	5.00	4.0279	0.71641	−0.734	0.166	1.480	0.330
QK3	408	2.00	5.00	4.2047	0.68014	−0.549	0.166	0.297	0.330
QK4	408	2.00	5.00	4.1116	0.75294	−0.452	0.166	−0.334	0.330
QK5	408	2.00	5.00	4.0512	0.74394	−0.358	0.166	−0.351	0.330
JL1	408	1.00	5.00	3.9581	0.78127	−0.401	0.166	0.090	0.330
JL2	408	2.00	5.00	3.9302	0.74242	−0.164	0.166	−0.518	0.330

续表

测量条款	样本数	最小值	最大值	均值	标准差	偏度		峰度	
						偏度值	标准误差	峰度值	标准误差
JL3	408	2.00	5.00	3.9346	0.72693	−0.193	0.166	−0.375	0.330
JL4	408	2.00	5.00	3.9442	0.75915	−0.100	0.166	−0.791	0.330
JL5	408	2.00	5.00	4.0000	0.69712	−0.084	0.166	−0.682	0.330
XJ1	408	1.00	5.00	3.6791	0.88301	−0.269	0.166	−0.408	0.330
XJ2	408	2.00	5.00	3.8651	0.80037	−0.248	0.166	−0.473	0.330
XJ3	408	1.00	5.00	3.8651	0.82340	−0.353	0.166	−0.130	0.330
ZF1	408	2.00	5.00	3.8419	0.70586	0.073	0.166	−0.655	0.330
ZF2	408	1.00	5.00	3.8279	0.81065	−0.259	0.166	−0.175	0.330
CX1	408	2.00	5.00	4.0884	0.74042	−0.212	0.166	−0.933	0.330
CX2	408	2.00	5.00	4.1209	0.76383	−0.272	0.166	−1.046	0.330
CX3	408	1.00	5.00	3.9209	0.74148	−0.428	0.166	0.501	0.330
CX4	408	3.00	5.00	4.1262	0.72857	−0.200	0.166	−1.092	0.330
CX5	408	1.00	5.00	3.9812	0.72963	−0.408	0.166	0.472	0.330
CX6	408	2.00	5.00	4.0047	0.80010	−0.229	0.166	−0.868	0.330
CX7	408	2.00	5.00	4.0930	0.73032	−0.291	0.166	−0.627	0.330
CX8	408	2.00	5.00	4.0977	0.75179	−0.229	0.166	−0.995	0.330
CX9	408	2.00	5.00	4.1174	0.74904	−0.333	0.166	−0.738	0.330
CX10	408	2.00	5.00	4.0000	0.71695	−0.154	0.166	−0.605	0.330
BY1	408	1.00	5.00	3.5860	0.67726	−0.544	0.166	0.621	0.330
BY2	408	2.00	5.00	3.7116	0.69753	0.045	0.166	−0.357	0.330
BY3	408	2.00	5.00	3.8873	0.74663	−0.084	0.166	−0.606	0.330
CJ1	408	2.00	5.00	3.9116	0.70154	−0.122	0.166	−0.366	0.330
CJ2	408	2.00	5.00	3.8178	0.79099	−0.119	0.166	−0.575	0.330
CJ3	408	2.00	5.00	3.7477	0.74374	0.035	0.166	−0.514	0.330
SJ1	408	3.00	5.00	3.9907	0.71034	0.013	0.166	−1.004	0.330
SJ3	408	2.00	5.00	4.0419	0.71245	−0.217	0.166	−0.531	0.330
SJ4	408	2.00	5.00	3.8465	0.71674	−0.225	0.166	−0.119	0.330
SJ5	408	2.00	5.00	3.8372	0.61637	−0.007	0.166	−0.190	0.330
SJ6	408	2.00	5.00	3.9535	0.70225	−0.180	0.166	−0.312	0.330
SJ7	408	2.00	5.00	3.8140	0.72524	0.077	0.166	−0.663	0.330
GS1	408	2.00	5.00	3.9535	0.70225	−0.262	0.166	−0.097	0.330
GS2	408	2.00	5.00	3.6837	0.75037	−0.479	0.166	0.070	0.330
GS3	408	1.00	5.00	3.7767	0.70804	−0.847	0.166	1.402	0.330
Valid N（listwise）	408								

6.2.3 测量的信度分析

本小节主要分析测量大样本数据的信度。所谓信度，指的是量表的可靠性或稳定性。由于在对小样本数据进行分析的过程中，删除了一些不合要求的测量条款，并就修正的调查问卷重新进行大样本的数据调查和收集，因此很有必要再验证大样本数据的信度。

1. 建筑工人安全行为影响因素量表的信度分析

根据 CITC＞0.4 和 Cronbach's α 系数＞0.5，以及删除某项条款后 Cronbach's α 系数是否会提高的标准来决定测量条款的取舍。建筑工人安全行为影响因素量表的信度分析具体结果如表 6-22 所示：

表 6-22 建筑工人安全影响因素量表的 CITC 和内部一致性信度分析

变量	项目	CITC	删去该项后的 Cronbach's α 系数	Cronbach's α 系数
企业安全控制	QK1	0.534	0.684	0.741
	QK2	0.531	0.685	
	QK3	0.440	0.718	
	QK4	0.468	0.709	
	QK5	0.545	0.679	
安全技能与交流	JL1	0.652	0.774	0.821
	JL2	0.656	0.773	
	JL3	0.554	0.803	
	JL4	0.586	0.794	
	JL5	0.623	0.784	
工人消极情绪	XJ2	0.530	0.657	0.724
	XJ3	0.531	0.653	
	XJ4	0.577	0.597	
政府管理	ZF1	0.657	0.499	0.662
	ZF2	0.498	0.499	

从表 6-22 可以看出，企业安全控制 5 项测量条款、安全技能与交流 5 项测量条款、工人消极情绪 3 项测量条款以及政府管理两项测量条款的 CITC 值都大于 0.4 的可接受水平，各个分量表的 Cronbach's α 系数分别为 0.741、0.821、0.724、0.662，也都大于 0.5 的可接受水平，说明该量表的信度是满足基本要

求的，无须再对测量条款进行删减。

2. 建筑工人安全行为量表的信度分析

建筑工人安全行为量表的信度分析具体结果如表 6-23 所示：

表 6-23 建筑工人安全行为量表的 CITC 和内部一致性信度分析

变量	项目	CITC	删去该项后的 Cronbach's α 系数	Cronbach's α 系数
操作行为表现	CX1	0.547	0.853	0.864
	CX2	0.559	0.852	
	CX3	0.545	0.853	
	CX4	0.546	0.853	
	CX5	0.562	0.852	
	CX6	0.590	0.850	
	CX7	0.598	0.849	
	CX8	0.617	0.847	
	CX9	0.548	0.853	
	CX10	0.642	0.846	
帮助工友行为	BY1	0.510	0.509	0.658
	BY2	0.523	0.489	
	BY3	0.383	0.682	
安全参加	CJ1	0.417	0.513	0.609
	CJ2	0.400	0.538	
	CJ3	0.439	0.478	

参考小样本中的 CITC 值和信度分析方法，对大样本的建筑工人安全行为量表进行内部一致性信度分析。仍然根据 CITC 值＞0.4 和 Cronbach's α 系数＜0.5 以及删减某项条款后的 Cronbach's α 系数是否会提高的标准来决定测量条款的取舍。

从表 6-23 可以得出，操作行为表现 10 项测量条款、帮助工友行为 3 项测量条款、安全参加 3 项测量条款 CITC 值都大于 0.4 的可接受水平，各个分量表的 Cronbach's α 系数分布为 0.864、0.658、0.609，也都大于 0.5 的可接受水平，说明该测量量表符合信度要求，也无须再对测量条款进行删减调整。

3. 安全结果量表的信度分析

本研究继续对大样本的安全结果量表进行内部一致性信度分析，仍然根据 CITC 值＞0.4 和 Cronbach's α＞0.5 以及删减某项条款后的 Cronbach's α 系数是否会提高的标准来决定测量条款的取舍。由于损失结果的测量条款 SJ1 的 CITC 值为 0.328，小于 0.4 的可接受水平，因此予以删除。删除 SJ1 后安全结果量表的信度分析具体结果如表 6-24 所示：

表 6-24　安全结果量表的 CITC 和内部一致性信度分析

变量	项目	CITC	删去该项后的 Cronbach's α 系数	Cronbach's α 系数
损失结果	SJ3	0.461	0.662	0.709
	SJ4	0.504	0.644	
	SJ5	0.437	0.672	
	SJ6	0.476	0.656	
	SJ7	0.451	0.667	
工伤	GS1	0.496	0.650	0.707
	GS2	0.663	0.426	
	GS3	0.428	0.729	

从表 6-24 可以得出，损失结果的 5 项测量条款、工伤 3 项测量条款的 CITC 值都大于 0.4 的可接受水平，各个分量表的 Cronbach's α 系数分布为 0.709 和 0.707，也都大于 0.5 的可接受水平，说明该测量量表符合信度要求。

6.3　基于验证性因子分析（CFA）的效度分析

6.3.1　验证性因素分析（CFA）与探索性因素分析（EFA）的区别与联系

因素分析方法主要分成两大类：探索性因素分析（EFA）与验证性因素分析（CFA）。这两种方法最根源的差异就在于理论所扮演的角色与检验时机的不同。对于 EFA，因素分析后才开始提出理论，即理论属于事后概念。与之不同的是，CFA 的前提条件是先要具备一定的理论或概念架构，然后再来检验该模型是否正确，检验的工具主要是定量的数学工具，所以理论架构是事前所必须建立的（邱皓政，2005）。EFA 目的是探定建立量表的效度，但 CFA 则是要检验效度是否适切。

探索性因子分析和验证性因子分析这两种方法都可以用来评估效度。其中，EFA 多是用在探索阶段，采用 SPSS 统计软件进行分析，将众多变量进行简化并确定因子个数。前文已经采用探索性因子分析工具改进了初始量表，如删除了某些达不到统计要求的测量问项。然而进入正式调研阶段，是否可以采用 EFA 来评价效度，学者们争论不一（黄芳铭，2005）。学者们普遍认为，量表的建立开发首先需要有理论做支持，EFA 在这方面是有理论缺陷的，因为 EFA 是靠统计聚焦来探定因子，而不是靠理论，理论在 EFA 方法里面仅仅扮演一个事后的角色。因而，相比 EFA 方法，采用 CFA 来进行效度的评估更为适切（黄芳铭，2005）。CFA 方法多是用在验证阶段，须采用 AMOS、LISREL 等软件来进行分析。CFA 模型必须要有坚实的理论基础，理论在 CFA 方法里面扮演事前的角色，其目的是去考察理论模型与实证数据的匹配程度，进行参数估计和假设检验。相比 EFA，CFA 更具有逻辑性。探索性因素分析与验证性因素分析的差异之处如表 6-25 所示。

表 6-25　探索性因素分析与验证性因素分析的差异比较表

探索性因素分析	验证性因素分析
产出理论	验证理论
支撑文献少而弱	理论基础扎实
因素分析后才能确定具体因素以及数量	因素分析前就已经确定具体因素以及数量
因素分析后才能确定各因素间的相关关系	因素分析前就已假定各因素间的关系
因素分析后再归类变量所属因素	因素分析前变量已假定归类某一因素

6.3.2　基于验证性因子分析的效度检验标准

结构效度是常用的检验量表效度的定量指标，结构效度分为两种：收敛效度与区分效度。

（1）收敛效度检验。收敛效度是指测量同一概念的不同问题（观察变量）的一致性。一般采用平均方差抽取量（AVE）来评价收敛效度，AVE 的计算方法如公式 6-1 所示：

$$\mathrm{AVE}=\frac{\sum(\text{标准化负荷})^2}{\sum(\text{标准化负荷})^2+\sum\text{测量误差变异量}} \tag{6-1}$$

AVE 是潜在变量可以解释其观察变量变异量的比值，是属于收敛效度的指标范畴。平均方差抽取量能够表示出被潜在构念所解释的变异量有多少源自测量误差，平均方差抽取量越大，则意味着观察变量被潜在变量构念解释的变异量比例越大，相对的测量误差就越小。判别是否具有收敛效度的常用标准是观察变量对总体方差的解释程度须大于误差方差（Carminnes，Zeller，1979）。如果提取的平均方差高于 0.5，就说明收敛效度达到基本要求，一般来说，AVE 值必须大于 0.5（Fomell，Larcker，1981）。本书也遵循学界普遍观点，采用的判别标准为：AVE＞0.5。

（2）区分效度检验。区分效度是构面对代表的潜在特质与其他构面所代表的潜在特质间低度相关或有显著的差异存在（吴明隆，2010）。Fomell 和 Larcker（1981）评价区分效度的标准是：AVE 的平方根须大于该潜变量和其他潜变量之间的相关系数，差距越大说明区分效度越明显。

6.3.3 验证性因子分析模型适配度指标简介

（1）卡方指数χ^2。卡方指数是模型拟合最基本的检验指标。卡方值（χ^2）越小，则说明整体模型的因果路径图与实际资料越适配。不显著（$p>0.05$）的卡方值说明因果路径图模型与实际数据不吻合的可能性较小，当χ^2值等于 0 时，表示假设模型与观察数据完全适配。然而χ^2值易受样本容量的影响，通常样本容量越大，那么χ^2值就越易呈显著，因而理论模型被否决的可能性增大。

（2）卡方自由度比。模型须估计的参数数量越多，则自由度越小；样本数量增加，χ^2值也将增加，如果兼顾考虑卡方值与自由度，那么二者比值可作为模型适配度的评价指标。卡方自由度比值（$=\chi^2/df$）越小，说明模型的协方差矩阵和实际数据越匹配。有学者认为χ^2/df小于 2.0，则可以认为模型拟合较好（Carmines，McIver，1981），然而也有研究人员认为卡方自由度比介于 2.0 到 5.0 时，也是可以接受的。本研究采纳χ^2/df不超过 5.0 作为取舍标准。

（3）适配度指数（GFI）。GFI 为适配度指数（Goodness-of-Fit Index），GFI 指标表示观察矩阵（S 矩阵）中的方差与协方差可被复制矩阵（$\hat{\sum}$ 矩阵）预测得到的量，其数值是指根据“样本数据的观察矩阵（S 矩阵）与理论建构复制矩阵（$\hat{\sum}$ 矩阵）之差的平方和”和“观察的方差”的比值（余民宁，

2006)。如果 GFI 值越大，则意味着理论建构复制矩阵（$\hat{\sum}$ 矩阵）可以解释样本数据的观察矩阵（S 矩阵）的变异量越大，二者的契合度越高。GFI 数值介于 0~1 间，其值接近于 1，代表一个模型拟合较好；GFI 值越小，说明模型的拟合度越不理想。常用的判别标准为 GFI＞0.9，表示假设模型拟合优度满足基本要求。

（4）残差均方和平方根（RMR）。从适配残差的概念而来，适配残差矩阵是数据样本所得的方差协方差矩阵（S 矩阵）和理论模型隐含的方差协方差矩阵（$\hat{\sum}$ 矩阵）的差异值，矩阵中的参数即是适配残差（Fitted Residual）。当 S 矩阵与 $\hat{\sum}$ 矩阵的差异值很小时，表示实际的样本数据与假设模型较契合，此时的适配残差值会很小。RMR 值就等于适配残差（Fitted Residual）方差协方差的平均值的平方根。RMR 值要越小越好，越小的 RMR 值表示模型的适配度越佳，一般而言，RMR 值小于 0.05 是可以接受的。

（5）渐进残差均方和平方根（RMSEA）。RMSEA 是非常重要的并且不需要基准线模型的绝对性指标。RMSEA 值越小，说明模型的拟合度越好。RMSEA 的评判标准是 RMSEA＞0.1 则说明模型的拟合度不好（Poor Fit）；0.1＞RMSEA＞0.08 则属于普通适配（Mediocre Fit）；0.08＞RMSEA＞0.05 表示模型良好，属于合理拟合度（Reasonable Fit）；RMSEA＜0.05 说明模型拟合度很好（Good Fit）（Brown，Cudeck，1993）。RMSEA 值比χ^2值更稳定，并且不易受样本数量的影响，相比其他指标，RMSEA 有一定的优越性。（Marsh，Balla，1994）。

（6）规准适配指数（NFI，Normed Fit Index）、增值适配指数（IFI，Incremental Fit Index）、非规准适配指数（TLI，Tacker Lewis Index）和比较适配指数（CFI，Comparative Fit Index）。NFI 是相对于基准模型的卡方，是理论模型的卡方减少的比例，因而属于相对拟合指数（侯杰泰等，2004）。NFI 值与模型参数有关，参数越多，NFI 的值越大，并且 NFI 也易受样本数量的影响。以上这些缺陷也限制了 NFI 的使用。TLI 指数是用来比较所提出的模型与虚无模型之间的适配程度，相比 NFI，越来越多的学者建议使用 TLI（侯杰泰等，2004）。相比 NFI，IFI 对样本数量的依赖性更弱。CFI 规避了 NFI 在套嵌模式上不足，在评判模型拟合度方面更为优越（黄芳铭，2005）。NFI 值、IFI 值、TLI 值、CFI 值大多介于 0 与 1 之间，越靠近 1 说明模型适配度越好，越小说明适配度越不理想。特别一提的是，TLI、CFI、IFI 还有可能大于 1。通常，判断假设模型与实际数据的拟合度是否满足基本要求的标准是NFI、GFI、TLI、CFI、IFI 都必须大于 0.90。结构方程模型适配度的评价指标及其评价标准如表 6-26 所示。

表 6-26 模型适配度的评价指标及其评价标准

统计检验量	适配的标准或临界值
χ^2 值	显著性概率值 $p>0.05$（未达显著水平）
NC 值（χ^2 自由度比值）	1＜NC＜3，说明模型属于简约适配程度 NC＞5，表示模型需要修正
GFI 值	＞0.90 以上
RMR 值	＜0.05
RMSEA 值	＜0.05 （适配良好） ＜0.08（适配合理）
NFI 值	＞0.90 以上
IFI 值	＞0.90 以上
TLI 值	＞0.90 以上
CFI 值	＞0.90 以上

6.3.4 影响因素变量验证性因子分析

1. 模型设定

建筑安全行为影响因素由四个潜变量组成，分别为：企业安全控制、工人消极情绪、安全技能与交流、政府管理。其中企业安全控制由 5 个观测题项来测量，工人消极情绪由 3 个观测题项来测量，安全技能与交流由 5 个观测题项来测量，政府管理由 2 个观测题项来测量。模型设定如图 6-1 所示。

2. 模型识别

如图 6-1 所示，在建筑安全影响因素验证性因子分析模型中总共设置了 15 个测量条目。所以不重复数据的个数是 $\frac{p\times(p+1)}{2}=\frac{15\times16}{2}=90$。该模型待估计参数包括因子负荷和误差方差各 15 个以及 4 个潜变量间的相关系数，则参数个数总量为 t=15+15+4=34。根据模型能够识别的判定准则即 t 规则，t =34＜90，表明该模型能够被识别。

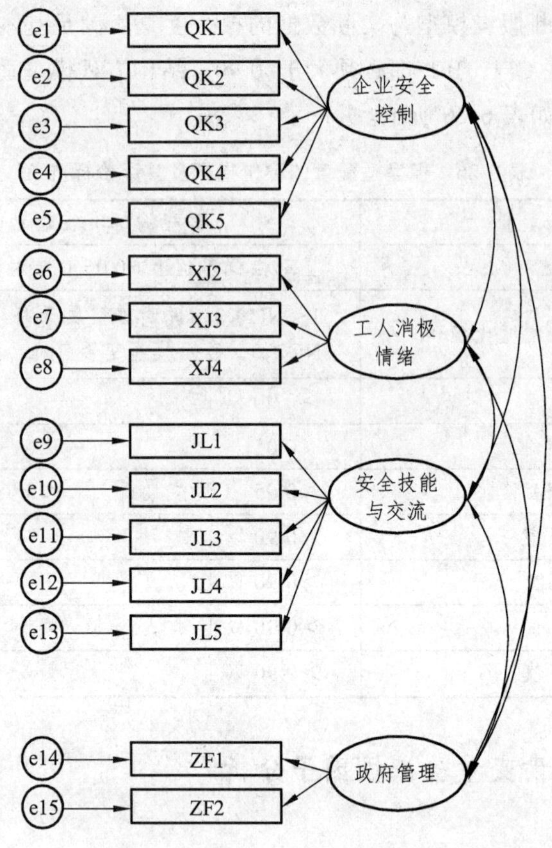

图 6-1　建筑安全影响因素验证性因子分析模型

3. 模型评估

利用 AMOS 17.0 软件对该模型进行适配和统计分析，各参数估计结果如表 6-27 所示。从表 6-27 可以得出：χ^2/df=1.087 未达到上限 5，满足χ^2统计量的基本要求；RMSEA = 0.020，低于评判阈值 0.08；RMR = 0.033，也低于评判阈值 0.05；GFI = 0.950、NFI = 0.913、IFI = 0.992、TLI = 0.989、CFI = 0.992，都大于 0.90 的可接受水平。由此可见，模型的整体拟合度较好，模型可以接受。

表 6-27　建筑安全影响因素验证性因子分析结果

潜变量	测量题项	标准化负荷	R^2	AVE
企业安全控制	QK1	0.752***	0.566	0.510
	QK2	0.674***	0.454	
	QK3	0.718***	0.516	

续表

潜变量	测量题项	标准化负荷	R^2	AVE
企业安全控制	QK4	0.708***	0.501	0.510
	QK5	0.719***	0.517	
工人消极情绪	XJ2	0.793***	0.629	0.520
	XJ3	0.740***	0.548	
	XJ4	0.618***	0.382	
安全技能与交流	JL1	0.736***	0.542	0.514
	JL2	0.728***	0.530	
	JL3	0.752***	0.566	
	JL4	0.680***	0.462	
	JL5	0.684***	0.468	
政府管理	ZF1	0.734***	0.539	0.501
	ZF2	0.681***	0.464	
适配度指标：$\chi^2/df = 1.087$；RMSEA = 0.020；RMR = 0.033；GFI = 0.950；NFI = 0.913；IFI = 0.992；TLI = 0.989；CFI = 0.992				

注：*表示 $p < 0.1$；**表示 $p < 0.05$；***表示 $p < 0.01$

4. 效度分析

（1）收敛效度分析：收敛效度由 AVE 值来评判。如表 6-27 所示，四个潜变量企业安全控制、工人消极情绪、安全技能与交流、政府管理的 AVE 值均大于 0.5 的可接受水平，因而可得出结论这四个潜变量收敛效度满足基本要求。

（2）区分效度分析：区分效度的评判标准是：$\sqrt{AVE}$>相关系数（具体指潜变量之间的相关系数），差距越大说明区分效度越明显。如表 6-28 所示，潜变量企业安全控制、工人消极情绪、安全技能与交流与政府管理的 $\sqrt{AVE}$（表 6-28 中对角线位置数据）都大于其所在行与列的相关系数，因而可得出结论这四个潜变量区别效度也满足基本要求。

表 6-28 建筑安全影响因素变量区分效度检验

潜变量	企业安全控制	工人消极情绪	安全技能与交流	政府管理
企业安全控制	0.714			
工人消极情绪	0.048	0.721		
安全技能与交流	0.405	0.463	0.717	
政府管理	0.282	0.653	0.681	0.708

注：表中对角线位置的数据是 $\sqrt{AVE}$

6.3.5 安全行为变量验证性因子分析

1. 模型设定

建筑安全行为主要包括 3 个潜变量，即操作行为表现、安全参加、帮助工友行为。其中操作行为表现由 10 个观测题项来测量，安全参加由 3 个观测题项来测量，帮助工友行为也由 3 个观测题项来测量模型设定如图 6-2 所示。

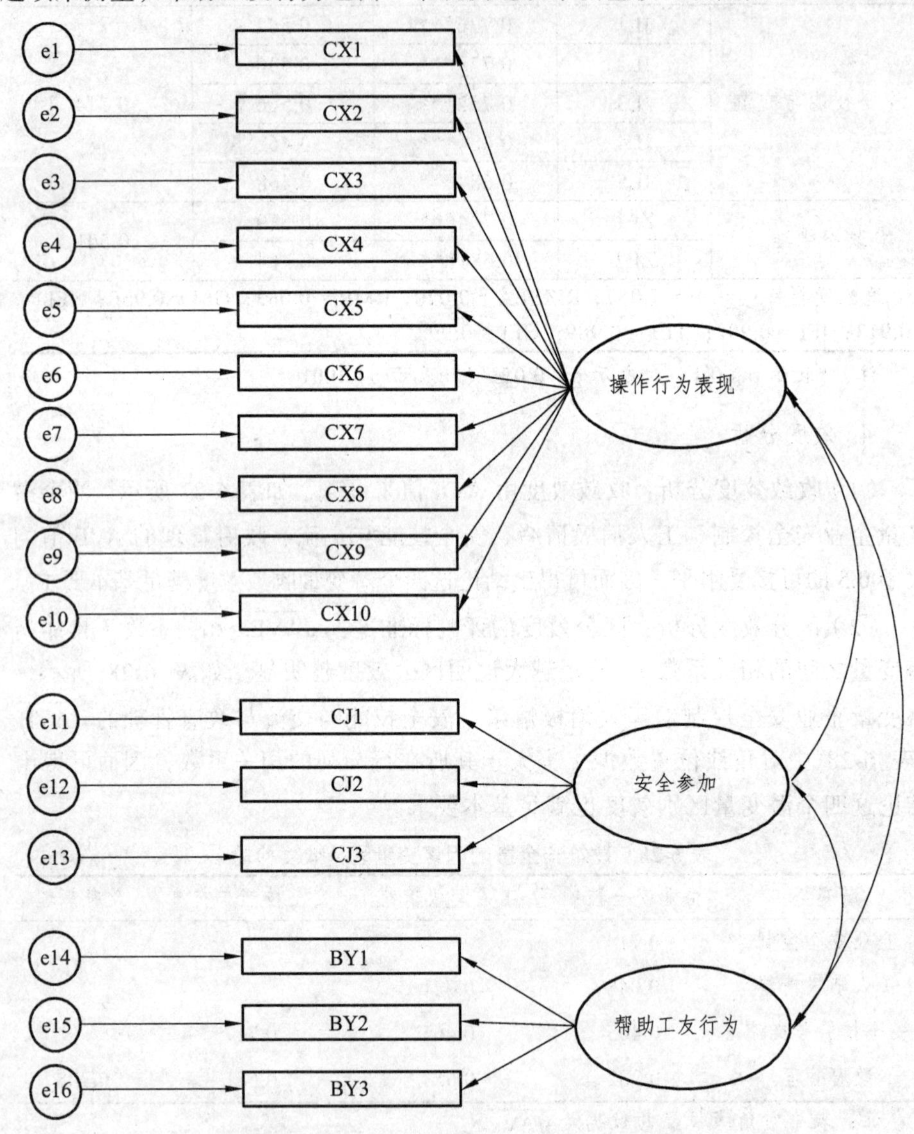

图 6-2 安全行为变量验证性因子分析模型

2. 模型识别

如图 6-2 所示，在安全行为验证性因子分析模型中总共设置了 16 个测量条目。所以不重复数据的个数是 $\frac{p\times(p+1)}{2}=\frac{16\times17}{2}=136$。该模型待估计参数包括因子负荷和误差方差各 16 个以及 3 个潜变量间的相关系数，则参数个数总量为 t=16+16+3=35。根据模型能够识别的判定准则即 t 规则，t=35＜136，表明该模型能够被识别。

3. 模型评估

利用 AMOS 17.0 软件对该模型进行适配和统计分析，各参数估计结果如表 6-29 所示。

表 6-29　安全行为验证性因子分析结果

潜变量	测量题项	标准化负荷	R^2	AVE
操作行为表现	CX1	0.721***	0.520	0.512
	CX2	0.628***	0.394	
	CX3	0.701***	0.491	
	CX4	0.785***	0.616	
	CX5	0.781***	0.610	
	CX6	0.645***	0.416	
	CX7	0.713***	0.508	
	CX8	0.663***	0.440	
	CX9	0.778***	0.605	
	CX10	0.718***	0.516	
安全参加	CJ1	0.757***	0.629	0.519
	CJ2	0.719***	0.548	
	CJ3	0.683***	0.382	
帮助工友行为	BY1	0.676***	0.542	0.518
	BY2	0.763***	0.530	
	BY3	0.717***	0.566	
适配度指标：χ^2/df = 1.204；RMSEA = 0.031；RMR = 0.030；GFI = 0.942；NFI =0.895；IFI = 0.980；TLI = 0.974；CFI = 0.980				

注：*表示 $p<0.1$；**表示 $p<0.05$；***表示 $p<0.01$

从表 6-29 可以得出，χ^2/df=1.204 未达到上限 5，满足 χ^2 统计量基本要求；RMSEA = 0.031，低于评判阈值 0.08；RMR = 0.030，也低于评判阈值 0.05；

除了 NFI=0.895 略低于 0.90 的标准阀值，其他指标 GFI = 0.942、IFI = 0.980、TLI = 0.974、CFI = 0.980，都大于 0.90 的可接受水平。由此可见，模型的整体拟合度较好，模型可以接受。

4. 效度分析

（1）收敛效度分析：收敛效度由 AVE 值来评判。如表 5-30 所示，三个潜变量操作行为表现、安全参加、帮助工友行为的 AVE 值均大于 0.5 的可接受水平，因而可得出结论这三个潜变量收敛效度满足基本要求。

表 6-30 安全行为变量区分效度检验

潜变量	操作行为表现	安全参加	帮助工友行为
操作行为表现	0.716		
安全参加	0.53	0.720	
帮助工友行为	0.47	0.66	0.720

注：表中对角线位置的数据是 $\sqrt{\text{AVE}}$

（2）区分效度分析：区分效度的评判标准是 $\sqrt{\text{AVE}}$ ＞相关系数（具体指潜变量之间的相关系数），差距越大说明区分效度越明显。如表 6-30 所示，潜变量操作行为表现、安全参加、帮助工友行为的 $\sqrt{\text{AVE}}$ （表 6-30 中对角线位置数据）都大于对应的相关系数，因而可得出结论这三个潜变量区别效度也满足基本要求。

6.3.6 安全结果变量验证性因子分析

1. 模型设定

安全结果由两个潜变量组成，分别为损失结果和工伤。其中损失结果由 5 个观测题项来测量，工伤由 3 个观测题项来测量，模型设定如图 6-3 所示。

2. 模型识别

如图 6-3 所示，在安全结果验证性因子分析模型中总共设置了 8 个测量条目。所以不重复数据的个数是 $\frac{p\times(p+1)}{2}=\frac{8\times9}{2}=36$ 。该模型待估计参数包括因子负荷误差方差各 8 个以及两个潜变量间的相关系数，则参数个数总量为 $t=8+8+2=18$ 。根据模型能够识别的判定准则即 t 规则，t =18＜36，表明该模型能够被识别。

3. 模型评估

利用 AMOS 17.0 软件对该模型进行适配和统计分析，各参数估计结果如表 6-31 所示。

表 6-31　安全结果验证性因子分析结果

潜变量	测量题项	标准化负荷	R^2	AVE
损失结果	SJ3	0.743***	0.552	0.512
	SJ4	0.822***	0.676	
	SJ5	0.691***	0.477	
	SJ6	0.647***	0.419	
	SJ7	0.659***	0.434	
工伤	GS1	0.880***	0.774	0.501
	GS2	0.591***	0.349	
	GS3	0.616***	0.379	
适配度指标：$\chi^2/df = 1.163$；RMSEA = 0.028；　RMR = 0.024；GFI = 0.980；NFI =0.951；IFI = 0.993；TLI = 0.986；CFI = 0.993				

注：*表示 $p < 0.1$；**表示 $p < 0.05$；***表示 $p < 0.01$

从表 6-31 可以得出，χ^2/df=1.163 未达到上限 5，满足χ^2统计量基本要求；RMSEA=0.028，低于评判阀值 0.08；RMR=0.024，也低于评判阀值 0.05；NFI=0.951、GFI=0.980、IFI=0.993、TLI=0.986、CFI=0.993，都大于 0.90 的可接受水平。由此可见，模型的整体拟合度较好，模型可以接受。

4. 效度分析

（1）收敛效度分析：收敛效度由 AVE 值来评判。如表 6-31 所示，两个潜变量损失结果、工伤的 AVE 值均大于 0.5 的可接受水平，因而可得出结论这两个潜变量收敛效度满足基本要求。

表 6-32　安全结果变量区分效度检验

潜变量	损失结果	工伤
损失结果	0.716	
工伤	0.003	0.708

注：表中对角线位置的数据是 $\sqrt{AVE}$

（2）区分效度分析：区分效度的评判标准是 $\sqrt{AVE}$ ＞相关系数（具体指

潜变量之间的相关系数），差距越大说明区分效度越明显。如表 6-32 所示，潜变量损失结果、工伤的 $\sqrt{\text{AVE}}$ （表 6-32 中对角线位置数据）都大于对应相关系数，因而可得出结论这两个潜变量区别效度也满足基本要求。

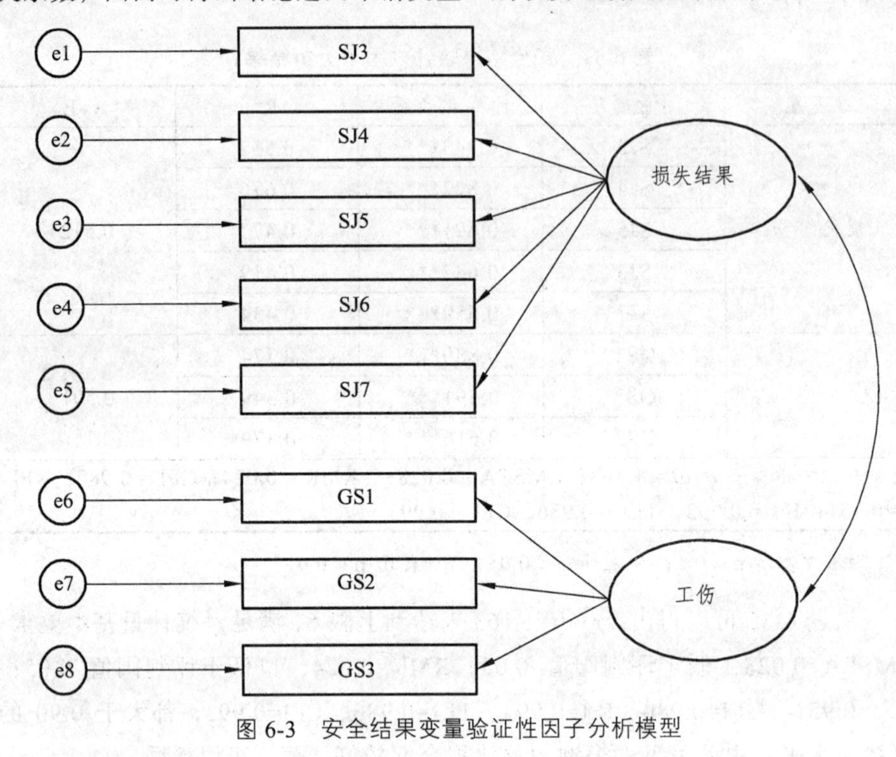

图 6-3　安全结果变量验证性因子分析模型

6.4　假设检验和结果分析

本章主要采用结构方程模型（SEM）方法来对全模型的进行假设检验，拟采用 AMOS 17.0 软件将各潜变量及观察变量都纳入全模型中进行计算分析，以检验各变量之间的相互关系，分析建筑安全影响因素、安全行为以及安全结果之间是否存在显著的因果关系，并不断地对模型进行比较和优化，从而修正得出最佳理论模型。

6.4.1　模型设定

本研究结构模型主要分为有逻辑关系的三大部分，建筑安全影响因素各潜变量作为前因变量；安全行为各潜变量作为中介变量；安全结果各潜变量作为结果变量。前因变量包括企业安全控制、工人消极情绪、安全技能与交流、政府管理，中介变量包括操作行为表现、安全参加和帮助工友行为，结果变量损失结果和工伤。根据本研究的理论假设，其结构方程模型初设为如图 6-4 所示。

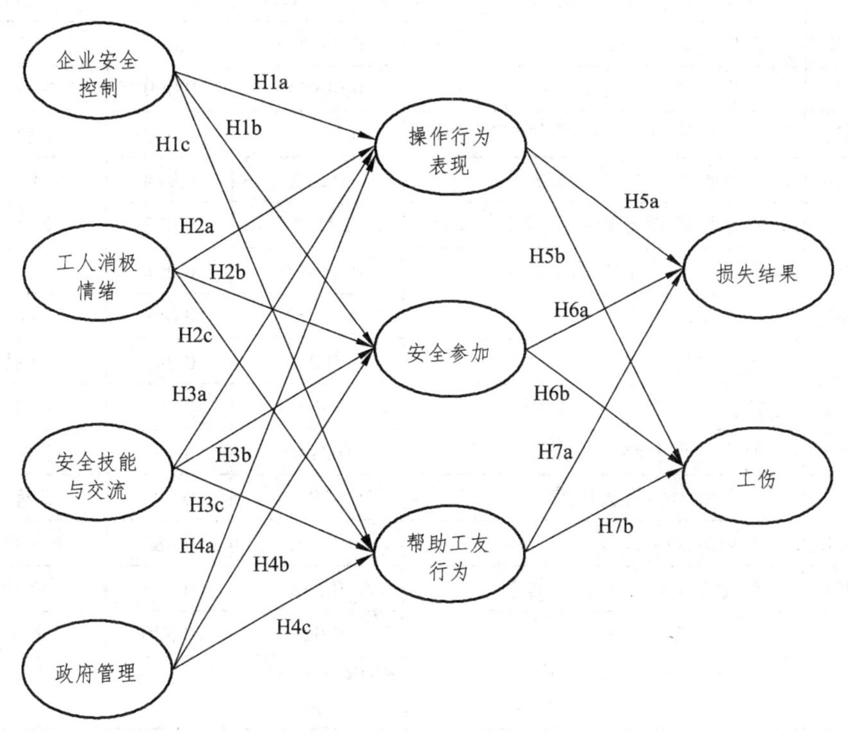

图 6-4　初始假设理论模型的路径图

6.4.2　初始模型拟合评估以及假设检验

以前文大样本调研数据为资源，利用统计软件 AMOS 17.0，对整个建筑工人安全行为和安全结果的 SEM 理论模型进行全面的计算检验，表 6-33 以及图 6-5 显示了整个拟合检验的结果。

表 6-33　模型的检验结果

编号	假设回归路径	标准化路径系数	显著性概率	是否支持假设
H1a	企业安全控制→操作行为表现	0.304***	0.000	支持

续表

编号	假设回归路径	标准化路径系数	显著性概率	是否支持假设
H1b	企业安全控制→安全参加	0.158	0.114	不支持
H1c	企业安全控制→帮助工友行为	0.146	0.130	不支持
H2a	消极情绪→操作行为表现	-0.136	0.235	不支持
H2b	消极情绪→安全参加	0.787***	0.000	支持
H2c	消极情绪→帮助工友行为	0.699***	0.000	支持
H3a	安全技能与交流→操作行为表现	0.394***	0.000	支持
H3b	安全技能与交流→安全参加	0.013	0.914	不支持
H3c	安全技能与交流→帮助工友行为	0.315**	0.023	支持
H4a	政府管理→操作行为表现	0.466***	0.000	支持
H4b	政府管理→安全参加	0.135*	0.058	支持
H4c	政府管理→帮助工友行为	-0.266	0.205	不支持
H5a	操作行为表现→损失结果	0.388***	0.000	支持
H5b	操作行为表现→工伤	0.214*	0.082	支持
H6a	安全参加→损失结果	0.679***	0.000	支持
H6b	安全参加→工伤	-0.016	0.881	不支持
H7a	帮助工友行为→损失结果	0.038	0.773	不支持
H7b	帮助工友行为→工伤	0.023	0.820	不支持
适配度指标：χ^2/df = 1.046；RMSEA = 0.015；RMR = 0.036；GFI = 0.906；IFI = 0.992；TLI = 0.990；CFI = 0.992				

注：*表示 $p<0.1$；**表示 $p<0.05$；***表示 $p<0.01$

基于 AMOS 统计分析结果，对整体理论模型进行结构方程分析检验，由表 6-33 可以看到：χ^2/df 为 1.046 不仅小于最高上限 5，也小于更严格的标准 3；指标 GFI 等于 0.906、IFI = 0.992、TLI = 0.990、CFI = 0.992，均大于标准阀值 0.9，RMR = 0.036，小于标准阀值 0.05；RMSEA = 0.015，不仅小于 0.08，且小于更严格的标准 0.05。这表明拟合效果是满足基本要求的。

从图 6-5 模型结构方程检验结果可以看出：企业安全控制对中介变量操作行为表现有显著的正向影响（影响程度分别为 β = 0.304，$p<0.01$），工人消极情绪则对中介变量安全参加以及帮助工友行为都存在显著的正向影响（影响程度分别为 β=0.787，$p<0.01$；β = 0.699，$p<0.01$），安全技能与交流

则对中介变量操作行为表现以及帮助工友行为都存在显著的正向作用（影响程度分别为 β=0.394，p＜0.01；β = 0.315，p＜0.05），而政府管理对中介变量操作行为表现和安全参加存在显著的正向作用（影响程度为 β = 0.466，p＜0.01；β = 0.135，p＜0.1），操作行为表现对结果变量损失结果以及工伤存在显著的正向作用（影响程度分别为 β = 0.388，p＜0.01；β = 0.214，p＜0.1），安全参加则仅对结果变量损失结果存在显著的正向作用（影响程度为 β = 0.679，p < 0.01）。而该图中用虚线表示的其他条路径都经统计证实没有显著的影响作用。

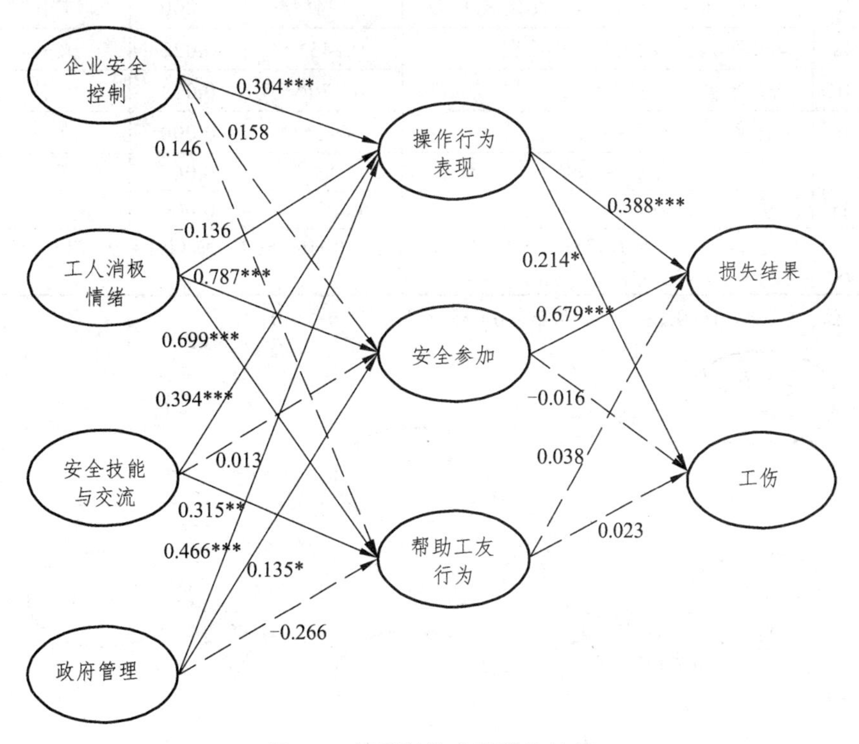

图 6-5　模型结构方程检验结果

6.4.3　模型的完善和修正

1. 修正模型

在图 6-5 模型结构方程检验结果中，发现有 8 条不显著的回归路径，出于对模型的简约性考虑，删除掉这些不显著的路径，进一步简化模型，得到其修正模型，并对修正模型再采用 AMOS 统计软件进行检验。修正模型的检验结果如表 6-34 和图 6-6 所示。

表 6-34 修正模型的检验结果

序号	假设回归路径	标准化路径系数	显著性概率	是否支持假设
H1a	企业安全控制→操作行为表现	0.352***	0.000	支持
H2b	消极情绪→安全参加	0.711***	0.000	支持
H2c	消极情绪→帮助工友行为	0.531***	0.000	支持
H3a	安全技能与交流→操作行为表现	0.424***	0.000	支持
H3c	安全技能与交流→帮助工友行为	0.294***	0.000	支持
H4a	政府管理→操作行为表现	0.243**	0.022	支持
H4b	政府管理→安全参加	0.279**	0.023	支持
H5a	操作行为表现→损失结果	0.425***	0.000	支持
H5b	操作行为表现→工伤	0.131*	0.060	支持
H6a	安全参加→损失结果	0.683***	0.000	支持
适配度指标：χ^2/df = 1.075；RMSEA = 0.019； RMR = 0.037；GFI = 0.901；IFI = 0.987；TLI = 0.983；CFI = 0.986				

注：*表示 $p<0.1$；**表示 $p<0.05$；***表示 $p<0.01$

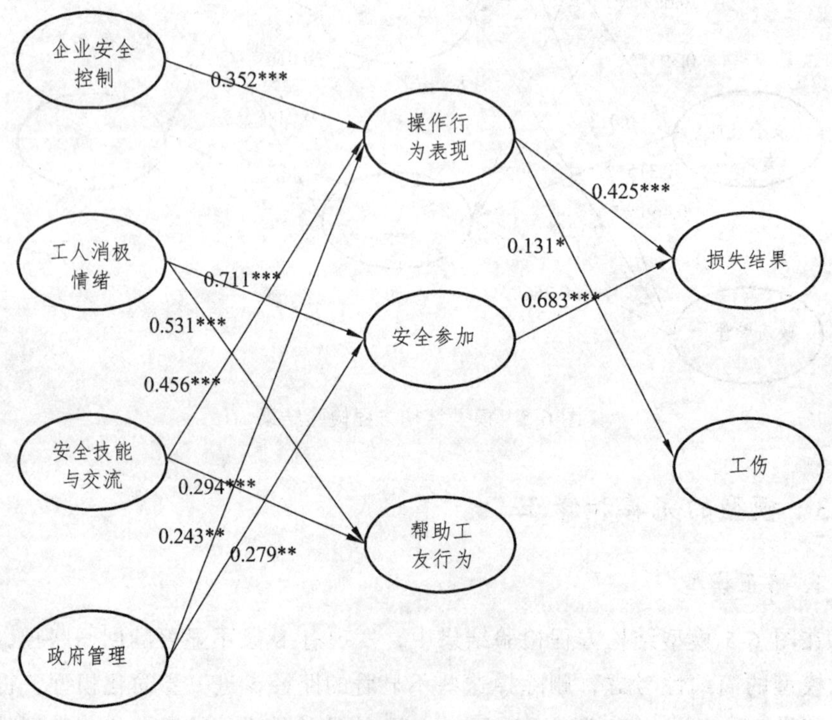

图 6-6 修正模型结构方程检验结果

基于 AMOS 统计分析结果，对修正模型再进行结构方程分析检验，由表 6-34 可以看到：χ^2/df 为 1.075，该值小于最高上限 5，同时小于更严格的标准 3；指标 GFI=0.901、IFI=0.987、TLI=0.983、CFI=0.986，均大于标准阀值 0.9，RMR 等于 0.037，小于标准阀值 0.05；RMSEA = 0.019，不仅小于 0.08，且小于更严格的标准 0.05。这表明拟合效果也是可以接受的。

在图 6-6 修正模型结构方程检验结果可以看出：企业安全控制对中介变量操作行为表现有显著的正向影响（影响程度分别为 β = 0.352，$p<0.01$），工人消极情绪则对中介变量安全参加以及帮助工友行为都存在显著的正向影响（影响程度分别为 β = 0.711，$p<0.01$；β = 0.531，$p<0.01$），安全技能与交流则对中介变量操作行为表现以及帮助工友行为都存在显著的正向作用（影响程度分别为 β =0.456，$p<0.01$；β = 0.294，$p<0.01$），而政府管理对中介变量操作行为表现和安全参加存在显著的正向作用（影响程度为 β = 0.243，$p<0.05$；β = 0.279，$p<0.05$）。操作行为表现对结果变量损失结果以及工伤存在显著的正向作用（影响程度分别为 β = 0.425，$p<0.01$；β = 0.131，$p<0.1$）。安全参加则仅对结果变量损失结果存在显著的正向作用（影响程度为 β = 0.683，$p<0.01$）。

2. 竞争模型的选择

为了便于比较上述两个模型，本研究将原模型与修正简化后的模型进行对比。这两个模型的各项适配度指标比较接近，各有所长。为了更清楚地比较原模型与修正模型的优劣，本研究采纳了 PNFI 指数进行分析。PNFI 为简约调整后的规则适配指数（Parsimony-Adjusted NFI），适合用作判断模型的精简程度，PNFI 可用于不同自由度的模型之间的比较，其值越高越好。如果 PNFI 值＞0.50，则表示理论模型的适配度是满足基本要求的。侯杰泰等（2004）认为简约指数反映了惩罚复杂模型的原则，就某个拟合指数而言，如果两个模型的拟合指数相同，相对复杂的模型的简约指数会较低。原模型的 PNFI 等于 0.671，修正模型的 PNFI 等于 0.684，并且两者的 PNFI 值都大于 0.5 的标准阀值。修正模型的 PNFI 指数要高于初始模型的 PNFI 指数，并且修正模型还剔除了不显著的路径，因此修正模型比初始模型更简洁。综上所述，修正模型是更为适合的模型。

3. 模型各变量之间的影响关系

在修正模型的基础上，本书就各变量之间的直接影响、间接影响及总体影响关系进行了总结，如表 6-35 和表 6-36 所示。

表 6-35　影响因素对安全行为、安全结果的影响

	企业安全控制			工人消极情绪			安全技能与交流			政府管理		
	总体影响	直接影响	间接影响	总体影响	直接影响	间接影响	总体影响	直接影响	间接影响	总体影响	直接影响	间接影响
操作行为表现	0.352	0.352	–	–	–	–	0.456	0.456	–	0.243	0.243	–
安全参加	–	–	–	0.711	0.711	–	–	–	–	0.279	0.279	–
帮助工友行为	–	–	–	0.531	0.531	–	0.294	0.294	–	–	–	–
损失结果	0.149	–	0.149	0.485	–	0.485	0.194	–	0.194	0.294	–	0.294
工伤	0.046	–	0.046	–	–	–	0.060	–	0.060	0.032	–	0.032

表 6-36　安全行为对安全结果的影响

	操作行为表现			安全参加			帮助工友行为		
	总体影响	直接影响	间接影响	总体影响	直接影响	间接影响	总体影响	直接影响	间接影响
损失结果	0.425	0.425	–	0.683	0.683	–	–	–	–
工伤	0.131	0.131	–	–	–	–	–	–	–

6.4.4　假设检验的结论

通过结构方程的统计分析，我们得到假设检验的结果阐述如下：

假设 Hla 是企业安全控制越强，建筑工人的操作行为表现就越好。从表

6-34 可以得出，企业安全控制对建筑工人的操作行为表现有显著的正向影响作用（$\beta = 0.352$，$p < 0.01$），假设 H1a 获得支持。这表明施工企业越重视安全生产工作，企业安全规章执行越严格，企业管理层对安全生产危险的预控工作越有力度，企业对建筑工人不安全行为的惩罚越严格等，即施工企业安全生产管理控制措施越加强，则建筑工人的操作行为表现就越佳，具体表现为建筑工人劳动生产过程的违法安全生产规则的侥幸行为、赶工期行为、省事行为等不安全行为得到有效遏制，更能有效促进建筑工人在施工机械操作过程中自觉佩戴安全防护用品并进行安全作业。

假设 Hlb 是企业安全控制越强，建筑工人的安全参加行为就越积极踊跃。从表 6-33 可以得出，企业安全控制对建筑工人的操作行为表现并没有显著的影响作用（$\beta = 0.158$，$p=0.114$），假设 H1b 被拒绝。

假设 Hlc 是企业安全控制越强，则帮助工友行为表现就越好。从表 6-33 可以得出，企业安全控制对帮助工友行为并没有显著的影响作用（$\beta = 0.146$，$p=0.130$），假设 H1c 被拒绝。

以上可以看出，本研究所提出的假设部分得到了验证，也同时验证了某些变量之间并不存在显著的因果关系。

假设 H2a 是工人消极情绪越严重，则建筑工人的操作行为表现就越差。从表 6-33 可以得出，工人消极情绪对建筑工人的操作行为表现并没有显著的影响作用（$\beta =-0.136$，$p = 0.235$），假设 H2a 被拒绝。即工人消极情绪不能对其操作行为表现产生显著的影响。这也表示建筑工人的安全操作行为表现与消极情绪并无明显的因果关系。这可能是由于建筑工人们把工作和个人情绪分得比较开，尽量不把自己的消极情绪带到工作中，仍然尽量在工作中按照安全规章进行操作。

假设 H2b 是工人消极情绪越严重，则工人的安全参加行为就越差。从表 6-34 可以得出，工人消极情绪对建筑工人的安全参加行为存在显著的正向影响作用（$\beta = 0.711$，$p < 0.01$），假设 H2b 获得支持。这表明建筑工人的工作压力越小，工作中紧张焦虑感和疲倦感越弱，那么工人的安全参加行为就越积极，具体表现为建筑工人会更积极主动地向企业管理层反映安全隐患和问题，更主动向企业上级上报各类安全事故以及积极排除施工场所的安全隐患和安全威胁。

假设 H2c 是工人消极情绪越严重，则帮助工友行为表现就越差。从表 6-34 可以得出，工人消极情绪对帮助工友行为也存在显著的正向影响作用（$\beta =$

0.531，$p<0.01$），假设 H2c 得到支持。这表明工人消极情绪越轻微，即工作压力越小，工作中紧张焦虑感和疲倦感越弱，越会促进建筑工人的帮助工友行为，具体表现为建筑工人在劳动生产过程中更愿意提醒制止工友的不安全生产行为以及教导安全操作注意事项等。

假设 H3a 是建筑工人安全技能与交流状况越好，则其操作行为表现就越好。从表 6-34 可以得出，建筑工人安全技能与交流对其操作行为表现有显著的正向影响作用（$\beta=0.456$，$p<0.01$），假设 H3a 获得支持。这表明建筑工人风险判断能力越强，设备工具的安全操作能力越强，工人之间的安全交流互助情况越好，那么建筑工人的操作行为表现就越佳，具体表现为建筑工人劳动生产过程的违反安全生产规则的侥幸行为、赶工期行为、省事行为等不安全行为得到有效遏制，更能有效促进建筑工人在施工机械操作过程中自觉佩戴安全防护用品并进行安全作业。

假设 H3b 是建筑工人安全技能与交流状况越好，则工人的安全参加行为就越积极踊跃。从表 6-33 可以得出，建筑工人安全技能与交流状况对其安全参加行为并不存在显著的影响作用（$\beta=0.013$，$p=0.914$），假设 H3b 没有得到数据支持。这表明建筑工人安全技能与交流状况与其参加行为并无因果联系，两者的关联并不大。

假设 H3c 是建筑工人安全技能与交流状况越好，则帮助工友行为表现就越好。从表 6-34 可以得出，企业安全控制对建筑工人的帮助工友行为存在显著的正向影响作用（$\beta=0.294$，$p<0.01$），假设 H3c 获得数据支持。这表明建筑工人安全技能与交流因素会促进帮助工友行为。这表明建筑工人风险判断能力越强，设备工具的安全操作能力越强，工人之间的安全交流互助情况越好，那么帮助工友行为表现就越佳，具体表现为建筑工人在施工安全方面提醒工友、教导工友的行为得到鼓励和加强。

假设 H4a 是政府安全管理得越好，建筑工人的操作行为表现就越好。从表 6-34 可以得出，政府管理对建筑工人的操作行为表现有显著的正向影响作用（$\beta=0.243$，$p<0.05$），假设 H4a 获得数据支持。这表明政府部门对安全事故的处理以及对建筑工人的安全福利保障等政策越令人满意，则建筑工人的操作行为表现越好，具体表现为建筑工人劳动生产过程的违反安全生产规则的侥幸行为、赶工期行为、省事行为等不安全行为得到有效遏制，更能有效促进建筑工人在施工机械操作过程中自觉佩戴安全防护用品并进行安全作业。

假设 H4b 是政府安全管理得越好，则工人的安全参加行为就越积极踊跃。

从表 6-34 可以得出，政府管理对建筑工人安全参加行为有显著的正向影响作用（β = 0.279，p＜0.05），假设 H4b 获得支持。这表明政府部门对安全事故的处理以及对建筑工人的安全福利保障等政策越令人满意，则建筑工人的安全参加行为表现越好，具体表现为建筑工人劳动生产过程中排除隐患、反映问题以及安全事故报告方面的主动行为会得到鼓励和改善。

假设 H4c 是政府安全管理得越好，则帮助工友行为表现就越好。从表 6-33 可以得出，政府管理对建筑工人之间的帮助工友行为仍然没有显著的影响作用（β = 0.266，p = 0.205），假设 H3c 没有得到数据支持。这表明政府安全管理并不会促进帮助工友行为，二者之间不存在直接的因果关系。

假设 H5a 是建筑工人操作行为表现越好，则损失结果越乐观。从表 6-34 可以得出，建筑工人的操作行为表现对损失结果有显著的正向影响作用（β = 0.425，p＜0.01），假设 H5a 获得数据支持。这表明建筑工人的操作行为表现得越好，具体表现为建筑工人劳动生产过程的违法安全生产规则的侥幸行为、赶工期行为、省事行为等不安全行为越少，工人越能做到在施工机械操作过程中自觉佩戴安全防护用品并进行安全作业，那么损失就相应越小，即施工单位经济损失、建筑工人的医疗成本、旷工损失、职业伤病等都会减少减轻。

假设 H5b 是建筑工人操作行为表现越好，则工伤越轻。从表 6-34 可以看出，建筑工人的操作行为表现对其工伤状况能产生显著的正向影响作用（β = 0.131，p＜0.1），假设 H5b 获得数据支持。这表明建筑工人的操作行为表现与其受工伤存在直接的因果关系。也就是说建筑工人的操作行为表现得越好，具体表现为建筑工人劳动生产过程的违反安全生产规则的侥幸行为、赶工期行为、省事行为等不安全行为越少，工人越能做到在施工机械操作过程中自觉佩戴安全防护用品并进行安全作业，那么工伤状况就能得到改善，即建筑工人受工伤的频率等都会减少。

假设 H6a 是建筑工人的安全参加行为对损失结果产生显著的正向影响。从表 6-34 可以得出，建筑工人的安全参加行为对损失结果有显著的正向影响作用（β = 0.683，p＜0.01），假设 H6a 获得支持。这表明建筑工人的安全参加行为越积极踊跃，具体表现为建筑工人越积极主动地向企业管理层反映安全隐患和问题，越主动向企业上级上报各类安全事故以及积极排除施工场所的安全隐患和安全威胁，那么损失结果就能得到改善，即施工单位经济损失、建筑工人的医疗成本、旷工损失、职业伤病以及事故边缘情况等都会有所好转。

假设 H6b 是建筑工人的安全参加行为对工伤产生显著的正向影响。从表

6-33 可以看出，建筑工人安全参加行为对其工伤状况并不能产生显著的影响作用（β = −0.016，p = 0.881），假设 H6b 被拒绝。这表明建筑工人的安全参加行为与其是否会受工伤并无多大关系，二者之间并无必然的因果联系。

假设 H7a 是建筑工人的帮助工友行为对损失结果产生显著的正向影响。从表 6-33 可以得出，建筑工人的帮助工友行为对损失结果没有显著的影响（β = 0.038，p = 0.773），假设 H7a 在数据上不能获得支持。虽然帮助工友行为对损失结果的影响是正向影响（β = 0.038，p = 0.773），但该影响水平还未达到显著水平。这说明建筑工人的帮助工友行为对损失结果产生不了多大影响，二者之间并无必然的因果联系。这可能是因为建筑工人帮助工友行为是主动帮助他人的行为，这对自身的损失结果的改善关系并不大，即无法显著地改善自身的损失结果（职业伤病、医疗成本、旷工损失等方面）。

假设 H7b 是建筑工人的帮助工友行为对工伤产生显著的正向影响。从表 6-33 可以看出，建筑工人帮助工友行为对其工伤状况仍然不能产生显著的影响作用（β = 0.023，p = 0.820），假设 H7b 被拒绝。虽然帮助工友行为对工伤的影响是正向影响（β = 0.023，p = 0.820），但该影响水平还未达到显著水平。这表明建筑工人的帮助工友行为与其受工伤状况并无多大关系，二者之间并无必然的因果联系，即帮助工友行为并不是影响工伤状况的直接因素。这可能是因为建筑工人帮助工友行为是主动帮助其他工友的行为，这对自身的工伤的改善并不能起到直接的大的影响力，即无法显著地改善自身的工伤状况（如工伤频率等方面）。

6.4.5 本章理论实践贡献以及局限

本章基于建筑工人安全行为以及安全结果模型和研究假设，通过小样本预调研并修正初始调查问卷以及大样本的正式调研，以成都地区某几家大型房地产公司和施工企业的建筑工人作为研究对象进行问卷调查，利用 SPSS 18.0 软件以及 AMOS 17.0 结构方程软件对有关调查数据进行探索性因子分析以及验证性因子分析，对模型各研究假设进行检验分析之后，可以得到如下理论实践贡献：

1. 本研究创造性地引入了工伤和损失结果这两个定量测量安全结果的变量。因为工伤损害数据是施工企业的保密资料，施工企业不愿将其真实数据统计资料透露给外界，而且在中国目前建筑行业背景下，大多施工企业上报给政府的工伤损害数据也存在严重的瞒报漏报现象。由于安全结果的数据难以收集，大多数学者们回避了探索安全结果领域。而本研究却努力致力于探索安全结果的内在机制，竭力研究中国的建筑工人工伤以及损失结果到底由哪些关键因素确定。研究结论得出了变量企业安全控制、工人消极情绪、安全技能与交流、政府管理通过中介变量操作行为表现和安全参加来显著影响和确定损失结果，即要减少损失结果须从各个影响因素全方位地监控；而工伤变量则受操作行为表现变量的直接影响，而安全氛围变量（包括企业安全控制、安全技能与交流、政府管理）则通过中介变量操作行为表现来显著影响工伤变量。因此要降低工伤伤害，主要是要抓好企业安全控制，加强工人的安全技能与交流以及政府安全管理工作。这对施工企业的安全管理实践工作也具有相当的指导意义。

2. 验证了国外已有的部分安全氛围以及安全行为理论，但同时又得出了与之并不一样的结论。一方面，证实了安全氛围各变量与安全行为各变量之间有着显著的正向关系，比如工人消极情绪对安全参加的影响程度最大，影响力为0.711,工人消极情绪对帮助工友行为的影响程度次之,影响力为0.531。另一方面，本研究还发现政府管理对操作行为表现以及安全参加也有显著的正向影响作用，政府管理变量也是本研究创造性地将其引入该模型，并且其影响作用也得到了证实。

3. 进一步拓宽了安全氛围、安全行为与安全结果之间的关系研究。本章基于前文所构建得“安全氛围→安全行为→安全结果”模型，对该模型在中国特殊背景情境下的适用性进行了验证，突破了以往研究文献由于安全结果数据难于收集而回避实证研究安全结果的局限，对安全结果变量及其作用机理进行了积极的探索。研究结论显示，安全行为各变量与安全结果各变量（包括损失结果和工伤）之间存在显著的直接正向影响关系，前因变量（安全氛围变量）通过中介变量（安全行为变量）能间接地影响安全结果变量。

虽然本章构建了建筑工人安全行为以及消极后果的理论模型并进行了科学系统性的实证检验，所得出的研究结论也会对我国理论界与企业界在安全管理的研究与应用方面有所启迪，但是本章的研究方法是基于对大样本的建筑工人的访谈和问卷调查，该方法本身也存在一定的缺陷，即带有一定的主观性等不足，这可能会导致统计数据出现偏差。基于上述考虑，在后续研究中，将尝试采用更客观的研究方法如观察法、实验法等，努力探索安全结果的内在影响机制，并对比它们与问卷调查方法的结果之间是否会存在大的差异。

6.5 ××在建房地产大型住宅小区项目建筑安全管理案例分析

6.5.1 ××房地产开发商安全管理体系内容简介

××房地产开发商是中国内地最具实力的综合型房地产开发商之一，是归属国务院国有资产监督管理委员会领导的中央企业，从2010年起，香港恒生指数有限公司把该开发商纳入恒生指数成分股，成为香港43只蓝筹股之一。截至2009年底，公司总资产超过960亿港元，净资产超过390亿港元，土地储备面积超过2210万平方米，是中国地产行业规模最大、盈利能力最强的地产企业之一。截止到2013年10月，该开发商已进入中国内地41个城市，正在发展项目超过70个。该企业在长年的房地产开发与建筑施工管理过程中认识到建筑安全管理的重要性和必要性，创建并在工程实践中使用了一套建筑安全管理办法，力图利用体系化的管理，有效地做好职业安全危害和职业安全健康风险的预防和控制工作。

××房地产开发商是本研究的合作单位。本研究的部分样本调查数据也来源于该企业安全管理部门的协助提供。该企业为了提高自己的安全管理水平，积极建设适合自己企业的建筑安全管理体系。在探索研究建筑安全管理的过程中，本课题把已取得的学术成果和研究思路与该企业的安全部门负责人进行了探讨和请教，本课题的研究成果也得到了该企业的安全管理部门领导的肯定和鼓励。当然该企业作为大型开发商也长期聘请了某咨询公司为企业的管理工作出谋划策。该开发商基于咨询公司以及本课题的建议，并结合该企业自身实际情况，设计了一套适合本企业的建筑安全管理办法和体系。下面本书以该企业在建的大型住宅小区项目成都××项目作为案例背景，对该项目2014年度EHS管理工作进行阐述分析。

6.5.2 成都××项目 EHS 管理工作体系介绍

EHS是环境（Environment）、健康（Health）、安全（Safety）的缩写。EHS管理体系是环境管理体系（EMS）和职业健康安全管理体系（OHSMS）两体系的整合。EHS方针是企业对其全部环境、职业健康安全行为的原则与意图的声明，体现了企业在环境、职业健康安全保护方面的总方向和基本承诺。因此可以说EHS方针是企业在环境、职业健康安全保护方面总的指导方向和行动原则，也反映企业最高管理者对环境、职业健康安全行为的一个总承诺。一个积极的、切实可行的 EHS 方针，将为企业确定一个环境、职业健康安全管理方面的总指导方向和行动准则，并为企业建立更加具体的环境、职业健康安全目标指标提供一个总体框架。EHS 管理体系的目标指标是针对重要的环境因素、重大的危险因素或者需要控制的因素而制定的量化控制指标。该企业为了使安全管理工作更为科学高效，吸纳所聘请的咨询公司以及合作单位学者们的各方建议和意见，制定了适合本企业的一套完整的 EHS 管理体系，并在实际项目管理工作中应用了该体系。表 6-37 为成都××项目管理部 2014 年度 EHS 管理工作体系。

6.5.3 《安全行为观察分析报告》内容介绍

根据本企业成都大区《安全行为管理办法》规定，观察小组成员人员于 2015 年 5 月份对在建项目——成都××大型住宅小区项目的参建单位建筑工人开展了本月度行为观察活动，现将观察结果进行数据统计分析，并汇报如下：

1. 不安全行为观察实施情况

观察时间：2015 年 5 月 1 日 ~ 2015 年 5 月 31 日

观察对象：参建单位建筑工人

观察工具：观察卡（如表 6-38 所示）

2. 不安全行为观察数据统计

（1）人员反应：总体现 7 次，包括调整个人防护 3 次，停止工作 2 次，改变原来的位置 2 次。

（2）人员位置：总体现 10 次，包括可能高处坠落 2 次，不合理姿势 4 次，被夹住 2 次，接触振动设备 2 次。

（3）个人防护设备：总体现 12 次，包括眼睛和脸部 2 次，躯干 3 次，手和手臂 4 次，腿和腿部 3 次。

（4）工具与设备：总体现 5 次，包括不适合该作业 2 次，未正确使用 2 次，工具与设备本身不安全 1 次。

（5）程序：总体现 6 次，包括程序没有遵照执行 2 次，程序不可获取 2 次，程序不适用 2 次。

（6）作业环境：总体现 5 次，包括噪音过大 2 次，作业现场凌乱 2 次，照明不足 1 次。

表 6-37 成都××项目管理部 2014 年度 EHS 管理工作体系

体系名称	工作任务	主要内容	开始时间	完成时间	主要输出结果	配合部门
组织体系（01）	编制 EHS 组织架构	更新项目管理部安全组织架构及架构图	2014.1.25	2014.2.25	完成××项目管理部安全管理组织架构编制工作	
		更新项目管理部安全管理职责和制度	2014.1.25	2014.2.25	完成××项目管理部安全管理职责	
		每周组织召开安全检查例会	2014.1.1	2014.12.31	总结上周检查、整改完成情况，布置本周工作	监理单位 施工单位
	EHS 管理工作会议	根据大区、成都公司、政府文件精神和 EHS 管理要求适时组织开展临时 EHS 管理工作会议	2014.1.1	2014.12.31	宣传并组织学习相关文件精神	监理单位 施工单位
目标与责任体系（02）	制定安全生产目标	根据大区安全生产责任书、安全目标管理内容，编制××项目管理部 2014 年度 EHS 管理目标	2014.2.15	2014.3.10	完成××项目部各岗位安全责任书等的签定，安全责任落实等	
	编制 EHS 管理年度工作计划	编制年度安全工作计划，指导项目部各项安全管理工作的开展	2014.2.10	2014.2.28	完成 2014 年度 EHS 管理工作计划的编制、审核及批准	
	签订安全责任书	签订部门安全责任书、关键岗位责任书及相关方安全文明施工协议、总包单位安全“互保”协议等	2014.2.10	2014.12.31	完成各种安全责任书的签订工作	监理单位 施工单位

续表

体系名称	工作任务	主要内容	开始时间	完成时间	主要输出结果	配合部门
风险控制体系（03）	危险源辨识	建立重大危险源辨识清单与评价表，制定相应的管控措施	2014.3.1	2014.3.31	对现场重大危险源进行全程监控	监理单位 施工单位
	法律法规收集及合规性评价	整理收集当地政府出台的与建筑相关的最新法律法规，开展对相应法律法规的合规性评价	2014.2.10	2014.12.31	及时了解政府新出台的与建筑施工相关法律法规并用于指导现场生产	监理单位 施工单位
	应急救援管理	完善各类应急预案和现场处置方案的编制审批工作	2014.2.10	2014.3.20	完成应急预案修订、审批等	监理单位 施工单位
	应急演练	工具EHS管理要求，组织相关方进行应急救援演练并对演练进行评估	2014.2.10	2014.12.31	每半年至少演练一次，并对演练情况进行总结学习	监理单位 施工单位
	事故管理	建立事故管理台账，跟踪并记录发生的安全事故	2014.1.1	2014.12.31	及时汇总各类事故，警示相关方不再发生类似事故	监理单位 施工单位
业务体系（04）	安全生产措施费用管理	收集相关方每月安全文明施工费用的使用清单	2014.1.1	2014.12.31	监督相关方安全措施费用是否落到实处	监理单位 施工单位
教育体系（05）	EHS管理体系推行	通过宣传、培训、教育、监督、检查等方式进行宣贯落实	2014.1.1	2014.12.31	促进EHS体系宣传落地	监理单位 施工单位
	安全教育培训	编制难度安全教育培训计划，每月至少组织一次安全教育培训并适时组织考核	2014.1.1	2014.12.31	通过组织开展安全教育培训，提高管理人员风险管控意识和安全管理意识等	监理单位 施工单位
	监督相关方安全三级教育开展情况	组织监理单位对施工方开展的安全教育培训进行监督落实	2014.1.1	2014.12.31	确保施工单位安全教育落到实处	监理单位 施工单位

续表

体系名称	工作任务	主要内容	开始时间	完成时间	主要输出结果	配合部门
监督检查与保证体系（05）	年度安全检查工作推行	编制 2014 年度安全检查工作计划，指导现场安全管理工作	2014.2.10	2014.2.28	根据审批的安全检查工作计划组织开展安全管理工作	监理单位 施工单位
	节假日检查及整改复查	组织相关方在各个重大节假日开展节前安全检查、隐患整改及整改复查等工作	2014.1.1	2014.12.31	确保重大节假日期间不发生意外安全事故	监理单位 施工单位
	特种作业管理	针对相关方特种作业机械、人员等进行监督管理	2014.1.1	2014.12.31	确保相关方各类大型机具、特种设备保持安全运行状态；特种作业人员持证上岗等	监理单位 施工单位
	日常巡查	通过巡查及时发现存在的安全隐患并组织进行整改	2014.1.1	2014.12.31	及时关闭安全隐患，确保施工现场、施工单位生活区等不发生意外安全事故	监理单位 施工单位
	消防检查	针对施工现场、生活区等开展例行消防巡查	2014.1.1	2014.12.31	对各种消防设备的运行情况进行监督	监理单位 施工单位
	行为观察	对项目部、相关方生产人员进行安全行为观察	2014.1.1	2014.12.31	及时发现行为人在生产活动中存在的安全隐患并加以教育纠正	监理单位 施工单位
文化体系（07）	安全月宣传教育	组织相关方开展安全月宣传教育以及安全大检查活动	待定		通过组织开展安全月宣传教育活动，强化相关方安全意识、安全管理水平等	监理单位 施工单位
	安全海报宣传	组织相关方完成各类安全海报张贴、宣传教育活动等	2014.1.1	2014.12.31	通过安全制度上墙、安全海报宣传等进一步强化全体工作人员的风险意识等	监理单位 施工单位

续表

体系名称	工作任务	主要内容	开始时间	完成时间	主要输出结果	配合部门
职业健康体系（08）	生产人员健康状况监督	关注相关方职工职业健康	2014.1.1	2014.12.31	对相关方生产人员健康状况进行监督，预防各种重大疾病情况发生	监理单位 施工单位
节能减排体系（09）	节能减排数据上报	实施关注项目部节能减排工作开展情况	2014.1.1	2014.12.31	及时上报项目部节能减排数据	监理单位 施工单位
评价与考核体系（10）	标化工地评价与考核	组织监理单位对施工方进行考核	2014.1.1	2014.12.31	通过每月对施工方进行考核评比，有效推动现场安全管理工作的开展	监理单位 施工单位
优化体系（11）	安全管理优化建议	收集项目部、相关方安全管理优化建议并上报	2014.1.1	2014.12.31	采纳合理的优化建议并用于现场安全管理，进一步推动安全管理工作的开展	监理单位 施工单位

表 6-38　行为安全观察卡

观察部门：	观察区域：
观察日期：	观察时间：
● 不安全请在左边框内打 √	
● 完全安全请在右边框内打 √	
人员的反应	□
□ 调整个人防护装备	
□ 停止工作	
□ 重新安排工作	
□ 改变原来的位置	
□ 接上地线	
□ 上锁挂牌	
员工的位置	□
可能	
□ 被撞击	
□ 被夹住	
□ 高处坠落	
□ 绊倒或滑到	
□ 接触极端温度的物体	
□ 触电	
□ 接触、吸入或吞食有害物质	
□ 不合理的姿势	
□ 接触转动设备	
□ 搬运负荷过重	
□ 接触振动设备	
□ 其他	
个人防护设备	□
□ 眼睛和脸部	
□ 耳部	
□ 头部	
□ 躯干	
□ 手和手臂	
□ 脚和腿部	
□ 脚和腿部	
□ 呼吸系统	

续表

观察部门： 观察日期：	观察区域： 观察时间：
工具与设备 □ 不适合该作业 □ 未正确使用 □ 工具与设备本身不安全	□
程序 □ 程序不适用 □ 程序不可获取 □ 员工不知道或不理解程序 □ 程序没有遵照执行	□
作业环境 □ 照明不足 □ 噪音过大 □ 作业现场凌乱	□
行为安全观察报告 ● 所观察的安全行为 ● 鼓励继续安全行为所采取的行动 ● 所观察的不安全行为 ● 可能产生的伤害（轻伤/重伤/死亡） ● 立即整改的行动 ● 预防再次发生的措施 观察者签名：	

建筑工人的不安全行为总体现 45 次，人员反应、人员位置、个人防护设备、工具与设备、程序、作业环境 6 个方面的不安全行为的比例如图 6-7 所示。

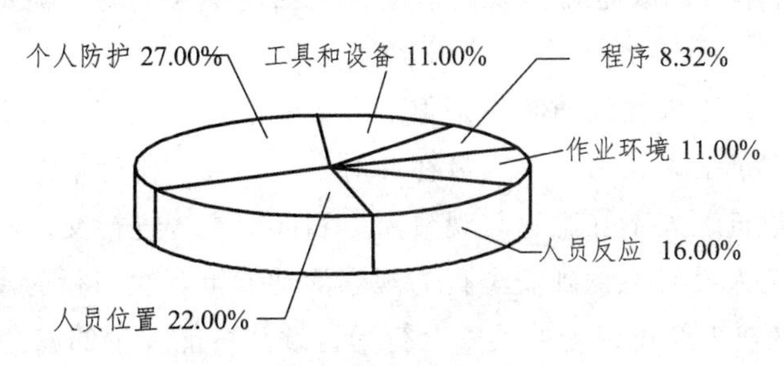

图 6-7　不安全行为观察数据比例图

3. 安全行为观察分析

（1）建筑工人在作业时，大部分人员具有基本的自我安全保护意识，对一些基本的安全常识和安全要求有一定的了解，能够清楚了解应该配备哪些防护用品设备，对其做出规范的安全行为具有相当大的帮助作用。

（2）建筑工人在被观察时，大多数能够意识到自身的不安全行为而做出反应，没有做出反应的一般都是新入场的建筑工人，主要是因为建筑工人大多数来自农村，知识方面很欠缺，总体素质不高，没有安全意识，最重要的一点是施工企业的教育培训不够。

（3）施工现场作业区的堆码方式不符合安全要求，例如施工场地的材料堆放过高，且未配置相应的消防设施设备与器具。

（4）作业人员的位置不符合安全要求，例如处于不安全的临边位置并且未采取任何个人防护。

（5）个人防护设备不符合安全要求，未使用正规厂家的劳保用品，未按规定正确佩戴安全帽以及使用安全带等防护用品。

针对上述存在的安全隐患问题，观察人员与被观察对象进行了沟通交流，并让被观察人员认识到自身的不安全行为可能导致的严重后果，从而在施工现场或作业区域立即进行改正。

4. 改进与建议

项目管理部在施工现场和施工区域开展人员安全行为观察活动，具有十分重要的意义，安全行为观察作为一个安全管理的重要工具，在大区、城市公司和基础单位实践，而且是面对所有参建单位的应用，这对项目管理部和观察小组人员来说都是一种挑战，5月份的行为观察活动中制止和纠正可能导致安全事故的不安全行为45次，行为观察取得了一定的安全管理绩效。

（2）通过本月的安全行为观察活动，根据观察人员的反馈意见，主要困难和问题有：

① 部分建筑工人在沟通时不是很配合，不愿意和观察人员进行交流。

② 部分建筑工人认为观察人员在针对自己，存在排斥情绪。

③ 部分建筑工人不好意思与观察人员和部门主管进行交流和沟通。

④ 建筑工人没有意识到安全行为观察活动的重要性。行为观察对建筑工人的主要意义在于纠正现场的不安全行为，预防可能发生的安全生产事故。

（3）针对上述问题，项目管理部及时采取措施，并提出改进意见：

① 对建筑工人不配合交流和沟通的情况，找来现场负责人或班组长一起进行交流和沟通。

② 对观察人员有排斥情绪的情况，交由项目负责人或直接主管进行教育和培训。

③ 对领导和上级主管不好意思交流和沟通的情况，通过项目例会和其他方式进行交流和沟通。

④ 针对建筑工人的不安全行为，建议在每周安全工作例会上，由安全专（兼）职管理人员明确安全行为观察的重要性和意义，鼓励所有人员参与。

5. 本月事故管理台账统计

据统计，本月本项目共发生建筑安全事故一起，具体情况如表 6-39 所示。

表 6-39　事故管理台账

序号	发生时间	责任主体	事故事件	事故事件原因	人员伤害	财产损失	处理情况
1	2015.5.27 18：30	绵建股份（六期一标段）	一般事故（六级）	六期一标段 7 号楼一砖工不慎从活动脚手架上掉落地面，造成头部受伤	头部受伤		送入成都市二医院医治

6.5.4 案例评述

××房地产开发商在成都××项目的建筑安全管理体系在国内业界还是比较前沿的，该企业已经开始尝试采用行为观察的方法进行建筑工人的安全管理工作。该企业也借鉴了某些本课题所采用的调查问卷方法，比如企业的成都××项目管理部年度 EHS 管理工作体系也借鉴了本研究的某些指标，并且该企业采纳了更为直接准确的行为观察法来监控建筑工人的不安全行为。但由于行为观察法需要相当的人力后盾做保证，所以行为观察法方法在该企业也并没有针对所有建筑工人大面积地展开，行为观察员的数量也很有限，行为观察也采纳随机抽查的方式。采用行为观察方法来研究建筑安全管理问题也是本研究下一步的研究目标和方向。

7 研究结论与展望

基于前述章节对安全氛围、安全行为和安全结果关系的研究与分析，本章主要阐明研究的主要结论，包括以下几方面内容：① 对研究结论进行了归纳、总结以及阐述研究的关键发现，并将之与已有的相关研究进行比较分析；② 归纳研究结论的理论进展与实践启示，为施工企业如何改善安全结果降低工伤率提出具体举措；③ 阐明本研究中的不足之处，指明以后的研究目标。

7.1 研究结论及其讨论

7.1.1 结论一

安全氛围可以划分为四个维度，即企业安全控制、工人消极情绪、安全技能与交流、政府安全管理。

本研究通过对两次调研的大样本数据进行探索性因子分析，通过调查问卷的反复改进和统计筛选，将建筑安全影响因素即安全氛围划分归纳为四个维度，对应的四个潜变量分别是：企业安全控制（包括危险预控、安全重视度、安全规章执行、安全指导、不安全行为处罚 5 个观察变量）、工人消极情绪（包括工作压力、疲倦感、紧张焦虑感 3 个观察变量）、安全技能与交流（包括工作互助、安全交流、工友关注、设备安全操作、安全知识 5 个观察变量）、政府安全管理（包括安全事故处理、安全福利保障 2 个观察变量）。国内外有关安全氛围的划分结论纷繁复杂，而且大多数并不是以建筑安全为研究范畴。本测量量表是在借鉴国内外已有量表的基础上，考虑中国施工企业的特点，并结合建筑工人、管理人员等实地访谈编制而成的。本研究根据问卷调研获取了一手的大样本数据，运用 SPSS 和 AMOS 等统计软件进行分析，对量表的信度和效度进行了验证，在此过程中也删除了大量没能通过统计检验的问卷测项。分析结果显示，这四个维度的测量量表均有较高的信度和效度，说明将安全氛围划分为这四个维度具有一定的科学性和合理性。安全氛围四维度比较全面地涵盖了建筑安全主要影响因素，涉及施工企业层面、建筑工人层面以及政府安监部门层面。

7.1.2 结论二

安全行为可以划分为三个维度，即操作行为表现、安全参加、帮助工友行为。

本研究通过对建筑工人大样本数据进行探索性因子分析，通过调查问卷的不断改进和统计筛选，将建筑工人安全行为划分归纳为三个维度，对应的三个潜变量分别是：操作行为表现（包括侥幸行为、怕麻烦行为、操作自觉性、炫耀行为、机械操作、赶工期行为、施工操作、安全防护用品、安全装备、省事行为 10 个观察变量）、安全参加（包括排除隐患、反映问题、安全事故报告 3 个观察变量）、帮助工友行为（包括提醒工友、教导工友、帮忙工友 3 个观察变量）。国内外有关安全行为的划分结论主要将安全行为划分为安全遵守和安全参加（Clarke，2006），本测量量表是在借鉴国内外已有量表的基础上，考虑中国建筑工人的特点，并结合建筑工人实地访谈编制而成的。本研究获得了一手的建筑工人大样本数据，运用统计软件进行分析，对量表的信度和效度进行了验证，在此过程中也删除了某些信度与效度没能通过统计检验的问卷测项。分析结果显示，这三个维度的测量量表均有较高的信度和效度，说明将安全行为划分为这三个维度是合理的。相比先前的安全行为研究，本研究在实证分析基础上对安全行为的维度划分方面还增加了一个新维度即帮助工友行为。

7.1.3 结论三

安全结果可以划分为两个维度，即损失结果和工伤

本研究通过对建筑工人大样本数据进行探索性因子分析，通过调查问卷的不断改进和统计筛选，将安全结果划分归纳为两个维度，对应的两个潜变量分别是：损失结果（包括事故边缘、职业伤病、工伤请假、医疗成本、旷工损失 5 个观察变量）和工伤（包括工伤频率、工伤严重程度、工伤类型数目 3 个观察变量）。国内外有关安全结果的研究维度主要就是考察工伤事故率，

本测量量表是在借鉴国内外已有量表的基础上，考虑中国施工企业和建筑工人的特点，并结合建筑工人实地访谈编制而成的。本研究获得了一手的建筑工人大样本数据，运用统计软件进行分析，对量表的信度和效度也进行了验证。分析结果显示，这两个维度的测量量表均有较高的信度和效度，说明将安全结果划分为这两个维度是合理的。先前的安全结果研究并没有将安全结果划分为多维度，而本研究在实证分析基础上对安全结果的维度划分更加细致。

7.1.4 结论四

安全结果受多种因素的影响作用，包括直接性的影响和间接性的影响

根据结构方程模型所得出的研究结果来看，损失结果和工伤变量受多种因素变量的直接性和间接性影响，包括安全氛围的因素和安全行为的因素。而安全行为则能够直接作用于损失结果，其中操作行为表现对损失结果的作用是 $\beta = 0.425$，$p < 0.01$，安全参加对损失结果的作用是 $\beta = 0.683$，$p < 0.01$，即安全参加相比操作行为表现对损失结果的作用更强一些。帮助工友行为却被证实对损失结果不发生显著的影响。安全氛围因素（包括企业控制、工人消极情绪、安全技能与交流、政府安全管理）都能够间接地影响损失结果，其中企业安全控制通过中介变量操作行为表现对损失结果的总的间接影响水平为 $\beta = 0.149$，工人消极情绪仅仅通过安全参加对损失结果的间接影响水平为 $\beta = 0.485$，安全技能与交流仅仅通过操作行为表现对损失结果的间接影响水平为 $\beta = 0.194$，政府安全管理通过操作行为表现、安全参加对损失结果的间接影响水平为 $\beta = 0.294$。因而对损失结果的影响从强到弱依次为安全参加、工人消极情绪、操作行为表现、企业安全控制、安全技能与交流、政府安全管理。因此要改善损失结果，具体包括在事故边缘、职业伤病、工伤请假、医疗成本、旷工损失等方面，则必须提高建筑工人安全参加的积极性，改善工人的消极情绪（比如不要给建筑工人过重的工作负担导致其疲倦感和紧张焦虑感增强），严格控制建筑工人的操作行为表现（包括侥幸行为、赶工期行为等），加强企业安全控制，加强提高建筑工人的安全技能和交流，以及政府安监部门也需要贡献一份安全管理的力量（比如在处理安全事故以及加强建筑工人安全福利保障方面）。

根据结构方程模型所得出的研究结果来看，工伤作为安全结果的另一个重要变量，工伤变量仅仅受中介变量操作行为表现的影响，并且该影响是直

接的正向影响（影响水平为 $\beta = 0.131$，$p < 0.1$），即建筑工人操作行为表现的越好，包括侥幸行为、机械操作、赶工期行为、施工操作、安全防护用品、省事行为等方面做得越好，则建筑工人的工伤状况就有所改善。除此以外，本研究的结论也证实安全氛围部分变量因素（包括企业安全控制、安全技能与交流、政府安全管理）对工伤也有显著的间接影响。对工伤的影响从强到弱依次为安全技能与交流（间接影响水平分别为 $\beta = 0.060$）、企业安全控制（间接影响水平分别为 $\beta = 0.046$）和政府安全管理（间接影响水平分别为 $\beta = 0.032$）。基于本研究的实证分析结论，要降低建筑工人工伤率和改善建筑工人工伤状况，即降低建筑工人工伤频率，能真正发挥有效作用的手段就是加强建筑工人的安全技能与交流，具体包括提高工人的安全技能（设备工具的安全操作能力、风险判断力）以及工人之间的安全交流互助等。另外，需要加强企业安全控制工作，具体包括施工企业在危险预控、安全重视度、安全规章执行、安全指导、不安全行为处罚等方面都必须加大管理力度。最后，政府安全管理工作对降低工伤率也能起到一定的作用。政府安全管理部门也须在诸如工人的安全福利保障以及安全事故处理方面积极做好保障服务工作。

7.1.5 结论五

操作行为表现、安全参加在安全氛围各维度影响安全结果的过程中起到中介传导作用。

本研究通过结构方程建模技术对全模型进行了分析，结论发现，研究的假设框架"安全氛围→安全行为→安全结果"的作用链在一定程度上得到了证实，即安全行为在安全氛围各维度影响安全结果的过程中能起到中介传导作用。但同时也有一些结论与研究的预设假设条件并不完全一致，如安全行为变量中能起到中介传导作用的仅仅有操作行为表现、安全参加，帮助工友行为经证实与安全结果并不存在任何显著的影响作用，因而发挥不了中介传导作用。所以改进建筑工人的安全行为，具体包括其操作行为表现、安全参加方面还是有实际指导意义的。如果建筑工人的安全行为得到了改善，这也必将有利于改善施工企业和建筑工人的损失结果，这对降低医疗成本以及改善建筑工人的职业伤病等情况是能起到显著的正向影响作用。

7.2 学术贡献与实践启示

7.2.1 学术贡献

1. 丰富了安全氛围作用模式的理论构建

先前安全氛围作用模式的研究主要是国外学者针对国外的各行业包括重工业、采矿业、核工业等的研究，虽然也相当有价值，但却因未能充分考虑我国建筑行业的特殊背景相关因素，如建筑工人主要是农民工等特殊国情，所以缺乏本土契合性，无法将其研究结论直接用于指导我国的施工安全管理实践。而且先前的研究主要考察安全氛围对工伤事故发生率的影响作用，而本研究关于安全氛围作用模式则更加系统和细化，不但研究了安全行为对安全结果的作用效果，也研究了安全氛围是如何通过安全行为中介变量来间接影响安全结果的。并且本研究在安全氛围中还加入了政府安全管理变量，这也是先前研究所没有考虑和进行实证研究的，并且经研究证实政府安全管理对损失结果和工伤的影响效果是显著的，仍然需要在施工安全管理中给予足够的重视，政府安监部门对施工安全管理也负有一份不可推卸的管理和保障责任。综上所述，本研究紧密结合中国建筑工人的特殊国情，尽量比较详尽完整地探索了安全氛围各种作用模式，包括安全氛围对安全结果的间接作用模式以及安全氛围对安全行为的直接作用模式。

2. 弥补了国内安全结果研究领域缺乏经验性量化研究的缺憾

从现有的文献和研究成果来看，国内安全结果领域的研究中还非常缺乏经验性量化验证，主要因为安全结果数据难以获取。本书以经验测量方法研究了安全氛围、安全行为对安全结果的影响，通过对 408 份建筑工人调查问卷数据进行的统计分析及理论假设的检验，有效地弥补了国内前期文献缺乏安全结果量化研究的缺憾，并且也探索出有实际参考指导价值的有关安全结果的理论和统计发现结论。

3. 构建了安全氛围、安全行为、安全结果完整的研究框架

先前国外文献单独研究安全氛围，单独研究安全行为以及单独研究安全结果的文献也取得了一些有价值的成果，部分学者仅仅研究了安全氛围对雇员安全行为的影响（如 Zohar，1980；Cheyne，1998；Dong，2005）。也有学

者关注安全行为对安全结果的影响（如 Hinze，2003；Sharon，2010；Leung，2013）。但是把安全氛围、安全行为、安全结果这三者结合起来并完整地研究安全氛围、安全行为、安全结果之间的逻辑因果关联程度的文献却非常少见。本研究基于中国建筑行业的特殊国情，构建了国内建筑行业安全氛围、安全行为、安全结果完整的研究框架，并且更加细化了安全行为和安全结果的测量维度，使之更适合中国建筑工人的特点，更深入、全面地剖析了安全氛围、安全行为、安全结果之间的作用机理。

7.2.2 实践启示

在国内建筑行业的大背景下，如何改善安全结果、降低建筑工人工伤伤亡率和损失是我国施工企业和政府安监部门所面临和亟待解决的一个重要课题。施工企业安全结果到底受哪些因素的影响？影响力怎样?是如何起作用的?为什么国内建筑工人的伤亡率控制不下来？这些都是令中国施工企业和政府安监部门管理者感到困惑的问题。本书基于实证数据获得的研究结论将在科学地改进施工企业内部安全管理方法，控制和抑制建筑工人的不安全行为，改善安全结果，降低安全事故率以及建筑工人伤亡率，优化政府安监部门监管机制等方面起到很好的帮助作用。

从本研究结构模型最终分析结果可以得出，安全结果受到安全行为的直接显著影响，也受到安全氛围的间接显著影响，因而改善安全结果需要施工企业与政府安监部门采用多种管理手段相结合。

1. 加强对建筑工人操作行为表现的监督控制工作

从图 6-6 修正模型结构方程检验结果以及表 6-36 安全行为对安全结果的影响的模型实证分析结果来看，操作行为表现对工伤有显著的直接影响，影响系数达到 0.131。因而欲降低建筑工人的安全事故发生频率，那么企业最为直接和显著的工作要点就是管控好建筑工人的操作行为表现。操作行为表现具体包含的 10 个观察变量有省事行为、侥幸行为、怕麻烦行为、炫耀行为、赶工期行为、操作自觉性、机械操作、施工操作、安全防护用品、安全装备。因而企业应多投入人力、财力等资源加强对建筑工人操作行为表现的监控，比如施工现场可以配备更多的安全员随时检查指导建筑工人的生产工作，及时发现纠正建筑工人的省事行为、侥幸行为、怕麻烦行为、炫耀行为、赶工期行为等不安全行为，及时纠正不按照要求穿戴安全防护用品的建筑工人并指导他们正确穿戴安全防护用品，如发现不按照安全规则进行设备操作和施工操作的建筑工人须及时制止并教导他们安全的操作步骤和方法。并且对在生产过程中发生过上述不安全行为的建筑工人进行现场教育批评并记录在案，以方便企业日后对这些操作行为表现不佳的工人重点监控，因为经实证操作行为表现差更易发生工伤，所以监控这批高危的建筑工人也就能减少安全事故的发生。目前国内某些施工企业已开始采用比较先进的新技术全方位对建筑工人施工过程进行视频监控，这些先进省力的方法也值得在建筑企业推广。当然，除了加强对建筑工人操作行为表现的监控外，企业还需要加强对建筑工人的安全培训与教育，使其深刻了解不良操作行为表现的危害性，以便使建筑工人从根本上认识并重视这个问题，这才能从源头上杜绝不良操作行为表现。

政府安监管理部门也应该督促施工企业、甲方建设单位以及监理单位等相关工程单位加强对建筑工人操作行为表现的监督控制。政府安监管理部门可以从政府规章制度着手，对相关工程单位的安全管理问题实行严格的安全检查和惩罚措施，比如政府安监管理部门管理人员巡视检查发现建筑工人操作行为表现差的等相关工程单位处以警告、罚款甚至责令停工限期改正直至吊销资质证书等处罚方式。

2. 鼓励建筑工人安全参加的积极性

从图 6-6 修正模型结构方程检验结果以及表 6-36 安全行为对安全结果的影响的模型实证分析结果来看，安全参加对损失结果有显著的直接影响，影响系数达到 0.683。因此要改善安全结果，比如改善建筑工人的职业伤病、工伤请假、事故边缘、医疗成本、旷工损失状况，最为直接和显著的方法就是鼓励建筑工人安全参加的积极性。建筑企业可以采取相应的鼓励措施，比如企业可以制定规章制度对积极主动向企业反映安全问题、排除安全隐患、安全事故报告的建筑工人进行奖励（包括物质奖励和精神鼓励）。企业也可以开展一些安全生产活动并鼓励建筑工人们积极参与，以便调动建筑工人安全参加的积极性。这些措施对改善企业的安全损失结果都是相当有利的。

3. 施工企业必须在企业安全控制方面下大工夫

从图 6-6 修正模型结构方程检验结果以及表 6-35 影响因素对安全行为、

安全结果的影响实证分析结果来看，企业安全控制对损失结果有间接的显著影响，间接效果值达到 0.149，企业安全控制对工伤有显著的间接影响，间接效果值达到 0.046。因此对于施工企业来讲，要想有效降低建筑工人伤亡率，就必须在企业安全控制方面下大工夫。施工企业对建筑工人重要的安全控制工作包括危险预控、安全重视度、安全规章执行、安全指导、不安全行为处罚五个方面，施工企业可以依此参考标准来指导企业的具体安全管理工作。比如目前国内某些施工企业采用比较先进的新技术全方位对建筑工人施工过程进行视频监控，这对管理人员进行危险预控，及时发现工人们的不安全操作行为并进行制止是大有帮助的。在思想上施工企业管理者须足够重视安全生产，而不仅仅是为了应付政府安全检查而阳奉阴违、敷衍了事。施工企业还必须严格执行安全规章，按章办事、奖惩分明。管理人员还需加强对建筑工人进行施工安全方面的指导，毕竟国内大部分建筑工人是农民工，文化水平低，专业技术水平也不高，所以急需企业对其进行施工安全方面的指导和培训。还有施工企业对建筑工人违反安全施工规则的行为也需严惩，比如采取罚款、扣工资奖金等形式应该能对建筑工人起到威慑作用，避免其重蹈覆辙。这些安全管理措施都会显著改善安全结果。

安全管理工作除了依靠施工企业的自觉性以外，政府安全管理部门还要制定完善的法律政策去督促施工企业管理层重视安全管理工作，毕竟施工企业管理层与建筑工人的直接性接触要比政府安全管理部门的频率高许多，政府安全管理部门只能给施工企业施加相当大的安全管理压力才能起到减少安全事故的作用，比如政府安全管理部门须加强对施工企业的日常安全检查，对安全管理不力的施工企业要加大惩罚力度，对发生安全事故的施工企业更要加大处罚力度，使施工企业的损失成本远高于其安全投资成本，迫使施工企业加强企业的日常安全管理工作，而不是仅把安全管理作为例行程序而流于形式。

4. 企业和政府安全管理部门应关注建筑工人的情绪问题

从图 6-6 修正模型结构方程检验结果以及表 6-35 影响因素对安全行为、安全结果的影响实证分析结果来看，工人消极情绪对损失结果有间接的显著影响，间接效果值达到 0.485，这个数值相对还是比较高的。这说明企业很有必要关注建筑工人的消极情绪问题，施工企业管理者要注意改善建筑工人们的消极情绪，包括建筑工人的工作压力、疲倦感、紧张焦虑感等方面。建筑工人工作压力、疲倦感、紧张焦虑感这些负面消极情绪主要来自于赶工期引发的疲劳施工以及相应的工作压力和紧张焦虑感。目前由于国内建筑行业的大背景下工程项目普遍存在工期紧的情况，导致建筑工人疲劳施工现象很普遍，这也埋下了安全隐患。施工企业要合理管理项目工期，不要把经济利益看得过重，为了项目早日完工而要求建筑工人加班加点，这会引发建筑工人工作压力、疲倦感、紧张焦虑感等负面消极情绪，从而埋下了安全隐患。另外，企业也可以开展活动丰富建筑工人们的业余文化生活。建筑工人们是体力劳动者，工作繁重而枯燥。建筑企业如果能重视企业文化建设，开展各项活动丰富建筑工人们的业余文化生活，这对建筑工人们的身心健康以及抑制建筑工人的消极情绪都是大有帮助的。

同样，政府安监部门也要制定相应的政策和管理办法，合理管理建筑工期，对甲方建设单位和施工企业等要加强工期管理，对要求建筑工人不合理加班赶工期的施工企业要采取行政警告处罚等惩罚措施，这对改善建筑工人的消极情绪进而改善损失结果是能起到较大作用的。

5. 加强建筑工人安全技能培训和交流

从图 6-6 修正模型结构方程检验结果以及表 6-35 影响因素对安全行为、安全结果的影响实证分析结果来看，工人消极情绪对损失结果有显著的间接影响，间接效果值达到 0.194。因而施工企业也要重视加强建筑工人安全技能的培训提高以及安全交流。安全培训可以使得建筑工人掌握必要的安全生产知识和安全操作机械设备的技能。企业可以对建筑工人开展定期的安全教育培训活动，并检查工人们接受培训的效果，比如采取考试考核的办法，使得安全培训不要流于形式。另外，施工企业也须关心建筑工人的文化交流生活，可以组织活动加强建筑工人们之间的安全交流和培养工人们互相帮助的氛围，这也能在一定程度上起到改善安全结果的作用。

政府也可以为建筑工人开办安全技能培训活动，并要求和鼓励施工企业积极报名参与，这种方式可以解决某些施工企业不愿意或不重视对建筑工人进行安全技能培训的问题。并且政府安监部门聘请的安全技能培训专业人员一般水平都比较高，能更专业地指导和培训不同企业的建筑工人。

6. 政府要加强对建筑工人的安全福利保障以及安全事故处理能力

从图 6-6 修正模型结构方程检验结果以及表 6-35 影响因素对安全行为、

安全结果的影响实证分析结果来看，政府管理对损失结果有显著的间接影响，间接效果值达到 0.294，企业安全控制对工伤有显著的间接影响，间接效果值达到 0.032。这表明政府管理对安全结果包括工伤和损失结果都有显著的影响，政府安监部门对改善安全结果也负有一份不可推卸的责任和义务。众所周知，建筑工人属于社会弱势群体，工作环境差，工资水平低，福利保障差。从统计结果可以看出建筑工人对政府的安全福利保障和安全事故处理的平均满意度还不理想，即建筑工人的满意程度只能达到介于一般和比较满意之间的水平。建筑工人较为关注的是政府的安全福利保障以及安全事故处理情况，这也说明政府安全管理部门制定的安全福利保障政策对建筑工人的重要性。政府关注建筑工人这个庞大的社会弱势群体的权益不应只是口号，不应只是在发生重大安全事故后才仅仅重视一段时间。政府管理部门应真切地关心建筑工人们的安全权益，比如在建筑工人安全福利补贴、工伤赔偿、死亡抚恤、保险等方面尽政府的财力尽量给予建筑工人更好的保障，在畅通建筑工人的安全举报渠道等方面尽力提高其满意度和期望值，让建筑工人们能更加安心地为社会的建设事业工作。政府对已发生的安全事故的处理要及时和妥当，对部分施工企业瞒报安全事故、草菅人命的行为要严厉处罚，对伤亡的建筑工人以及家属的工伤赔偿要足够并给予人性关怀，让受工伤的建筑工人无后顾之忧，后续生活能得到较好的保障。

7.3 研究局限及后续研究建议

7.3.1 研究局限

虽然本书关于安全氛围、安全行为以及安全结果的实证研究证实了最初的某些研究假设，但是因为各种条件的限制，本研究遗憾地在某些方面表现出一定的局限性，研究仍存在某些不足和漏洞，希望后续研究能够得到进一步改进完善。

1. 本研究量表是借鉴西方已有研究相关量表并进行综合和改进而产生的。这些已有量表是在西方的文化背景下开发出来的，虽然本书进行了相关专业词汇的翻译，并根据本书研究情境以及考虑中国建筑行业的特殊国情对量表也进行了相应的修改，但是鉴于翻译水平有限以及文化的差异仍然可能会对量表的有效性造成某些不利的影响。

2. 本书对所有变量的测量均采用了建筑工人自我报告的测量方法。由于调查资源和手段受限，对建筑工人安全行为采用观察法来收集数据应该比自我报告更加准确，然而观察成百建筑工人的安全行为耗时耗力并且也难以统计。施工企业安全结果数据对于企业来说是保密数据，不易获取，并且目前施工企业也缺乏详尽科学的安全结果数据，因而只有采用自我报告的测量方法可以收集一些一手的安全结果数据，但准确度又会有所降低。虽然自我报告的测量方法能在较短的时间内收集到足够用于分析的调查数据，但这种测量方法易产生系统偏差，从而影响本研究调查数据的信度，这有待在后续的研究中采用更好的研究方法比如观察法来弥补方法方面的缺陷。

3. 本研究在样本选择和样本量方面存在一定的局限。因为时间、人力、物力、社会资源、调研可行性等条件的限制，本书的样本分布主要集中在成都市，样本地理分布范围有所局限。虽然样本的总体数量达到了统计要求，但样本的代表性仍然有所欠缺，因而在一定程度上会影响本书研究结论的通用性。在资源允许的条件下，应该在以后的研究中扩大样本区域范围，以增强研究结论的一般性和适用性。

7.3.2 后续研究方向

本书主要探讨了安全氛围、安全行为以及安全结果的因果关联程度，目前国内这块领域的研究还处于初步探索阶段，即便国外相关研究也尚未形成完善的理论体系，因而还有许多问题值得进一步探讨研究。本研究受研究条件、资源与时间等因素的限制，还存在一些缺陷和尚待深入研究的领域，综合本书研究结论和研究局限，在相关后续研究中应该注意以下几个方面：

1. 在研究设计方面，在条件允许的情况下，后续研究可以通过观察实验研究等更科学可靠的研究方法来收集安全行为以及安全结果的数据。观察实验法需要投入更多的研究资源包括人力和财力以及施工企业和大样本的建筑工人的密切配合，所以完成难度比较大。但该工作一旦能完成，其对安全管理研究领域的贡献将具有突破性的意义。

2. 本书的研究对象是建筑工人，研究对象比较单一。其实在施工安全管理中，施工企业管理人员以及政府安监部门工作人员也发挥着巨大的作用，因为他们是领导者和政策制定和执行者。然而先前国内外研究中关注施工企业管理人员以及政府安监部门工作人员的文献相当少，因而这方面的后续研究工作的平台和研究空间是广阔的。比如研究施工企业管理人员安全管理心理和行为以及管理成效也是相当有意义和实际指导价值的。还有研究政府安监部门工作人员在进行安全监管过程中的监管心理、行为以及监管成效也是很有研究意义的。尤其在中国的政府管理体制与西方发达国家的政府管理体制存在较大差异的情况下使得该研究更有价值，也更令学者们感兴趣。但由于施工企业管理人员以及政府安监部门工作人员数量较建筑工人要少得多，所以样本获取难度比较大。但如果这类研究工作得以完成，其对安全管理研究领域的贡献将具有重大意义。

参考文献

[1] Abbe O O, Harvey C M, Ikuma L H, et al. Modeling the relationship between occupational stressors, psychosocial/physical symptoms and injuries in the Construction Industry[J]. International Journal of Industrial Ergonomics, 2011, 41(2): 106-117.

[2] Abdelhamid T S, Everett J G. Identifying root causes of construction accidents[J]. Journal of Construction Engineering and Management, 2000, 126(1): 52-60.

[3] Abudayyeh O, Fredericks T K, Butt S E, et al. An investigation of management's commitment to construction safety[J]. International Journal of Project Management, 2006, 24(2): 167-174.

[4] Ai Lin Teo E, Yean Yng Ling F. Developing a model to measure the effectiveness of safety management systems of construction sites[J]. Building and Environment, 2006, 41(11): 1584-1588.

[5] Ai Lin Teo E, Yean Yng Ling F. Developing a model to measure the effectiveness of safety management systems of construction sites[J]. Building and Environment, 2006, 41(11): 1588-1592.

[6] Al-Refaie A. Factors affect companies' safety performance in Jordan using structural equation modeling[J]. Safety Science, 2013, 57(3): 169-178

[7] Biggs H C, Biggs S E. Interlocked projects in safety competency and safety effectiveness indicators in the construction sector[J]. Safety Science, 2013, 52: 37-42.

[8] Blair E H. Achieving a total safety paradigm through authentic caring and quality[J]. Professional Safety, 1996, 41(5): 24-27.

[9] Brondino M, Silva S A, Pasini M. Multilevel approach to organizational and group safety climate and safety performance: Co-workers as the missing

link[J]. Safety science, 2012, 50(9): 1847-1856.

[10] Brown K A, Willis P G, Prussia G E. Predicting safe employee behavior in the steel industry: Development and test of a sociotechnical model[J]. Journal of Operations Management, 2000, 18(4): 445- 465.

[11] Brown R L, Holmes H. The use of a factor-analytic procedure for assessing the validity of an employee safety climate model[J]. Accident Analysis and Prevention, 1986, 18(6), 445-470.

[12] Calcott P. Government warnings and the information provided by safety regulation[J]. International Review of Law and Economics, 2004, 24(1): 71-88.

[13] Cheng C W, Leu S S, Cheng Y M, et al. Applying data mining techniques to explore factors contributing to occupational injuries in Taiwan's construction industry[J]. Accident Analysis & Prevention, 2012, 48: 214-222.

[14] Cheng C W, Wu T C. An investigation and analysis of major accidents involving foreign workers in Taiwan's manufacture and construction industries[J]. Safety Science, 2013, 57: 223-235.

[15] Cheung S O, Cheung K K W, Suen H C H. CSHM: Web-based safety and health monitoring system for construction management[J]. Journal of Safety Research, 2004, 35(2): 159-170.

[16] Cheyne A, Cox S, Oliver A, et al. Modelling safety climate in the prediction of levels of safety activity[J]. Work & Stress, 1998, 12(3): 255-271.

[17] Chi S, Han S. Analyses of systems theory for construction accident prevention with specific reference to OSHA accident reports[J]. International Journal of Project Management, 2013, 31(7): 1027-1041.

[18] Choi T N Y, Chan D W M, Chan A P C. Perceived benefits of applying Pay for Safety Scheme (PFSS) in construction–A factor analysis approach[J]. Safety science, 2011, 49(6): 813-823.

[19] Choi T N Y, Chan D W M, Chan A P C. Potential difficulties in applying the Pay for Safety Scheme (PFSS) in construction projects[J]. Accident Analysis & Prevention, 2012, 48: 145-155.

[20] Choudhry R M, Fang D. Why operatives engage in unsafe work behavior:

Investigating factors on construction sites [J]. Safety Science, 2008, 46(4): 566-584.

[21] Cigularov K P, Adams S, Gittleman J L, et al. Measurement equivalence and mean comparisons of a safety climate measure across construction trades[J]. Accident Analysis & Prevention, 2013, 51: 68-77.

[22] Cigularov K P, Chen P Y, Rosecrance J. The effects of error management climate and safety communication on safety: A multi-level study[J]. Accident Analysis & Prevention, 2010, 42(5): 1498-1506.

[23] Cigularov K P, Lancaster P G, Chen P Y, et al. Measurement equivalence of a safety climate measure among Hispanic and White Non-Hispanic construction workers[J]. Safety Science, 2013, 54: 58-68.

[24] Clayton A. The prevention of occupational injuries and illness: the role of economic incentives[M]. National Research Centre for Occupational Health and Safety Regulation, 2002.

[25] Colley S K, Lincolne J, Neal A. An examination of the relationship amongst profiles of perceived organizational values, safety climate and safety outcomes[J]. Safety science, 2013, 51(1): 69-76.

[26] Coyle I R, Sleeman S D, Adams N. Safety climate[J]. Journal of Safety Research, 1996, 26(4): 247-254.

[27] DeArmond S, Smith A E, Wilson C L, et al. Individual safety performance in the construction industry: Development and validation of two short scales[J]. Accident Analysis & Prevention, 2011, 43(3): 948-954.

[28] Dedobbeleer N, Beland F. A safety climate measure for construction sites[J]. Journal of Safety Research, 1991, 22(2): 97-100.

[29] Dedobbeleer N, Béland F. A safety climate measure for construction sites[J]. Journal of Safety Research, 1991, 22(2): 101-103.

[30] Eagly A H, Chaiken S. The psychology of attitudes[M]. Harcourt Brace Jovanovich College Publishers, 1993.

[31] Fang D, Wu H. Development of a Safety Culture Interaction (SCI) model for construction projects[J]. Safety science, 2013, 57: 138-149.

[32] Feng Y. Effect of safety investments on safety performance of building projects[J]. Safety Science, 2013, 59: 28-45.

[33] Fernandez-Muniz B, Montes-Peon J M, Vazquez-Ordas C J. Relation between occupational safety management and firm performance[J]. Safety Science, 2009, 47(7): 980-991.

[34] Fung I W H, Tam C M, Tung K C F, et al. Safety cultural divergences among management, supervisory and worker groups in Hong Kong construction industry[J]. International journal of project management, 2005, 23(7): 504-512.

[35] Gambatese J A, Hinze J W, Haas C T. Tool to design for construction worker safety[J]. Journal of Architectural Engineering, 1997, 3(1): 32-41.

[36] Gambatese J, Hinze J. Addressing construction worker safety in the design phase: Designing for construction worker safety[J]. Automation in Construction, 1999, 8(6): 643-649.

[37] Garavan T N, O Brien F. An investigation into the relationship between safety climate and safety behaviours in Irish organisations[J]. Irish Journal of Management, 2001, 22: 141-170.

[38] Gillen M, Baltz D, Gassel M, et al. Perceived safety climate, job demands, and coworker support among union and nonunion injured construction workers[J]. Journal of safety research, 2002, 33(1): 33-51.

[39] Gillen M, Baltz D, Gassel M, et al. Perceived safety climate, job demands, and coworker support among union and nonunion injured construction workers[J]. Journal of safety research, 2002, 33(1): 33-51.

[40] Gittleman J L, Gardner P C, Haile E, et al. [Case Study] CityCenter and Cosmopolitan Construction Projects, Las Vegas, Nevada: Lessons learned from the use of multiple sources and mixed methods in a safety needs assessment[J]. Journal of safety research, 2010, 41(3): 263-281.

[41] Glendon A I, Litherland D K. Safety climate factors, group differences and safety behaviour in road construction[J]. Safety science, 2001, 39(3): 157-188.

[42] Griffin M A, Neal A. Perceptions of safety at work: a framework for linking safety climate to safety performance, knowledge, and motivation[J]. Journal of occupational health psychology, 2000, 5(3): 347.

[43] Gurcanli G E, Mungen U. An occupational safety risk analysis method at

construction sites using fuzzy sets[J]. International Journal of Industrial Ergonomics, 2009, 39(2): 371-387.

[44] Halperin K M, McCann M. An evaluation of scaffold safety at construction sites[J]. Journal of safety research, 2004, 35(2): 141-150.

[45] Havold J I, Nesset E. From safety culture to safety orientation: validation and simplification of a safety orientation scale using a sample of seafarers working for Norwegian ship owners[J]. Safety Science, 2009, 47(3): 305-326.

[46] Hayes B E, Perander J, Smecko T, et al. Measuring perceptions of workplace safety: Development and validation of the work safety scale[J]. Journal of Safety research, 1998, 29(3): 145-161.

[47] Hinze J, Gordon F. Supervisor-worker relationship affects injury rate[J]. Journal of the Construction Division, 1979, 105(3): 253-262.

[48] Hinze J, Harrison C. Safety programs in large construction firms[J]. Journal of the Construction Division, 1981, 107(3): 455-467.

[49] Hinze J, Pannullo J. Safety: Function of job control[J]. Journal of the Construction Division, 1978, 104(2): 241-249.

[50] Hinze J, Parker H W. Safety: productivity and job pressures[J]. Journal of the Construction Division, 1978, 104(1): 27-34.

[51] Hinze J, Raboud P. Safety on large building construction projects[J]. Journal of Construction Engineering and Management, 1988, 114(2): 286-293.

[52] Hinze J, Wilson G. Moving toward a zero injury objective[J]. Journal of Construction Engineering and Management, 2000, 126(5): 399-403.

[53] Hinze J. Turnover, New workers, and safety[J]. Journal of the Construction Division, 1978, 104(4): 409-417.

[54] Hsu I, Su T S, Kao C S, et al. Analysis of business safety performance by structural equation models[J]. Safety Science, 2012, 50(1): 1-11.

[55] Huang Y H, Ho M, Smith G S, et al. Safety climate and self-reported injury: Assessing the mediating role of employee safety control[J]. Accident Analysis & Prevention, 2006, 38(3): 425-433.

[56] Isla Diaz R, Diaz Cabrera D. Safety climate and attitude as evaluation measures of organizational safety[J]. Accident Analysis & Prevention, 1997,

29(5): 643-650.

[57] Ismail F, Ahmad N, Janipha N A I, et al. Assessing the Behavioural Factors' of Safety Culture for the Malaysian Construction Companies[J]. Procedia-Social and Behavioral Sciences, 2012, 36: 573-582.

[58] Jannadi M O. Factors affecting the safety of the construction industry: A questionnaire including 19 factors that affect construction safety was mailed to the top 200 construction contractors in the UK. Safety officers and workers were asked to indicate how effective each factor was in improving construction safety[J]. Building research and information, 1996, 24(2): 108-112.

[59] Johnson S E. The predictive validity of safety climate[J]. Journal of safety research, 2007, 38(5): 511-521.

[60] Koh T Y, Rowlinson S. Relational approach in managing construction project safety: A social capital perspective[J]. Accident Analysis & Prevention, 2012, 48: 134-144.

[61] Lai D N C, Liu M, Ling F Y Y. A comparative study on adopting human resource practices for safety management on construction projects in the United States and Singapore[J]. International Journal of Project Management, 2011, 29(8): 1018-1032.

[62] Leung M, Chan I Y S, Yu J. Preventing construction worker injury incidents through the management of personal stress and organizational stressors[J]. Accident Analysis & Prevention, 2012, 48: 156-160.

[63] Leung M, Chan I Y S, Yu J. Preventing construction worker injury incidents through the management of personal stress and organizational stressors[J]. Accident Analysis & Prevention, 2012, 48: 161-166.

[64] Levitt R E, Parker H W. Reducing construction accidents — top management's role[J]. Journal of the Construction Division, 1976, 102(3): 465-478.

[65] Martinez-Corcoles M, Gracia F, Tomas I, et al. Leadership and employees' perceived safety behaviours in a nuclear power plant: a structural equation model[J]. Safety science, 2011, 49(8): 1118-1129.

[66] Melia J L, Mearns K, Silva S A, et al. Safety climate responses and the

perceived risk of accidents in the construction industry[J]. Safety Science, 2008, 46(6): 949-958.

[67] Mohamed S. Empirical investigation of construction safety management activities and performance in Australia[J]. Safety Science, 1999, 33(3): 129-142.

[68] Mohamed S. Safety climate in construction site environments[J]. Journal of construction engineering and management, 2002, 128(5): 375-384.

[69] Molenaar K R, Park J I, Washington S. Framework for measuring corporate safety culture and its impact on construction safety performance[J]. Journal of Construction Engineering and Management, 2009, 135(6): 488-496.

[70] Morrow S L, McGonagle A K, Dove-Steinkamp M L, et al. Relationships between psychological safety climate facets and safety behavior in the rail industry: A dominance analysis[J]. Accident Analysis & Prevention, 2010, 42(5): 1460-1467.

[71] Neal A, Griffin M A, Hart P M. The impact of organizational climate on safety climate and individual behavior[J]. Safety Science, 2000, 34(1): 99-109.

[72] Ngowi A B, Rwelamila P D. Holistic approach to occupational health and environmental impacts[C]. Proceedings of Health and Safety in Construction: Current and future challenges . Peniech: Cape Town, 1997, 151-161.

[73] Payne S C, Bergman M E, Beus J M, et al. Safety climate: Leading or lagging indicator of safety outcomes?[J]. Journal of Loss Prevention in the Process Industries, 2009, 22(6): 735-739.

[74] Priemus H, Ale B. Construction safety: an analysis of systems failure: The case of the multifunctional Bos & Lommerplein estate, Amsterdam[J]. Safety science, 2010, 48(2): 111-122.

[75] Probst T M, Graso M, Estrada A X, et al. Consideration of future safety consequences: A new predictor of employee safety[J]. Accident Analysis & Prevention, 2013, 55: 124-134.

[76] Prussia G E, Brown K A, Willis P G. Mental models of safety: do managers and employees see eye to eye?[J]. Journal of Safety Research, 2003, 34(2):

143-156.

[77] Saurin T A, Formoso C T, Cambraia F B. An analysis of construction safety best practices from a cognitive systems engineering perspective[J]. Safety Science, 2008, 46(8): 1169-1183.

[78] Seo D C, Torabi M R, Blair E H, et al. A cross-validation of safety climate scale using confirmatory factor analytic approach[J]. Journal of Safety Research, 2004, 35(4): 427-445.

[79] Seo D C. An explicative model of unsafe work behavior[J]. Safety Science, 2005, 43(3): 187-211.

[80] Sgourou E, Katsakiori P, Goutsos S, et al. Assessment of selected safety performance evaluation methods in regards to their conceptual, methodological and practical characteristics[J]. Safety Science, 2010, 48(8): 1019-1025.

[81] Shavell S. Liability for Harm Versus Regulation of Safety[J]. The Journal of Legal Studies, 1984, 13(2): 357-374.

[82] Silva S, Lima M L, Baptista C. OSCI: an organisational and safety climate inventory[J]. Safety science, 2004, 42(3): 205-220.

[83] Sinclair R R, Martin J E, Sears L E. Labor unions and safety climate: Perceived union safety values and retail employee safety outcomes[J]. Accident Analysis & Prevention, 2010, 42(5): 1477-1487.

[84] Siu O, Phillips D R, Leung T. Age differences in safety attitudes and safety performance in Hong Kong construction workers[J]. Journal of Safety Research, 2003, 34(2): 199-205.

[85] Teo E A L, Ling F Y Y, Chong A F W. Framework for project managers to manage construction safety[J]. International Journal of project management, 2005, 23(4): 329-341.

[86] Tholen S L, Pousette A, Torner M. Causal relations between psychosocial conditions, safety climate and safety behaviour–A multi-level investigation[J]. Safety Science, 2013, 55: 62-69.

[87] Thompson R C, Hilton T F, Witt L A. Where the safety rubber meets the shop floor: A confirmatory model of management influence on workplace safety[J]. Journal of safety Research, 1998, 29(1): 15-24.

[88] Village J, Ostry A. Assessing attitudes, beliefs and readiness for musculoskeletal injury prevention in the construction industry[J]. Applied ergonomics, 2010, 41(6): 771-778.

[89] Vredenburgh A G. Organizational safety: which management practices are most effective in reducing employee injury rates?[J]. Journal of safety Research, 2002, 33(2): 259-276.

[90] Wallace J C, Chen G. Development and validation of a work - specific measure of cognitive failure: Implications for occupational safety[J]. Journal of Occupational and Organizational Psychology, 2005, 78(4): 615-632.

[91] Williams Jr Q, Ochsner M, Marshall E, et al. The impact of a peer-led participatory health and safety training program for Latino day laborers in construction[J]. Journal of safety research, 2010, 41(3): 253-261.

[92] Wu W, Gibb A G F, Li Q. Accident precursors and near misses on construction sites: An investigative tool to derive information from accident databases[J]. Safety Science, 2010, 48(7): 845-858.

[93] Zhang M, Fang D. A continuous Behavior-Based Safety strategy for persistent safety improvement in construction industry[J]. Automation in Construction, 2013, 34: 101-107.

[94] Zhou Q, Fang D, Mohamed S. Safety climate improvement: Case study in a Chinese construction company[J]. Journal of Construction Engineering and Management, 2010, 137(1): 86-95.

[95] Zhou Q, Fang D, Wang X. A method to identify strategies for the improvement of human safety behavior by considering safety climate and personal experience[J]. Safety Science, 2008, 46(10): 1406-1419.

[96] Zohar D, Luria G. The use of supervisory practices as leverage to improve safety behavior: A cross-level intervention model[J]. Journal of Safety Research, 2003, 34(5): 567-577.

[97] Zohar D. Safety climate in industrial organizations: theoretical and applied implications[J]. Journal of applied psychology, 1980, 65(1): 96.

[98] 陈宝春. 政府建筑安全监管博弈分析及策略选择[J]. 科技管理研究，2011，31（9）: 191-194.

[99] 陈红卫. 浅谈科学的安全管理方式[J]. 社科纵横，2005，5：80.
[100] 陈铭. 北京地铁工地塌方工头瞒报 8 小时错失抢救时机[J]. 安全与健康：上半月，2007（5）：16-17.
[101] 陈其志，张建设. 过去 4 年我国建筑施工事故趋势分析研究[J]. 洛阳大学学报，2007，22（4）：79-84.
[102] 戴国琴. 建筑业劳动力未来供给趋势及影响因素研究[D]. 浙江大学，2013.
[103] 董大旻，冯凯梁. 基于 EFQM 的高危企业安全绩效评估模型研究[J]. 中国安全生产科学技术，2012，8（3）：86-91.
[104] 董大旻，左芬. 信息化是建筑安全管理的利器[J]. 建筑，2009（10）：57.
[105] 董大旻. 建设施工安全生产中的危险源管理研究[D]. 上海：同济大学，2007.
[106] 方东平，张剑，黄吉欣. 建筑安全管理的目标和手段[J]. 清华大学学报（哲学社会科学版），2005，20（1）：86-90.
[107] 方东平，陈扬. 建筑业安全文化的内涵表现评价与建设[J]. 建筑经济，2005（2）：41-45.
[108] 方东平，黄吉欣，张剑. 建筑安全监督与管理——国内外的实践与进展[M]. 北京：中国水利水电出版社，2005.
[109] 方东平，黄新宇，Hinze J. 工程建设安全管理[M]. 北京：中国水利水电出版社，2005.
[110] 方东平. 建立符合中国国情的建筑安全管理体制[J]. 建筑经济，2001，11（5）：10-12.
[111] 冯利军. 建筑安全事故成因分析及预警管理研究[D]. 天津：天津财经大学，2008.
[112] 高娟，游旭群. 安全氛围及其对影响机制研究[J]，宁夏大学学报（人文社会科学版），2007（5）：48-53.
[113] 韩庆文. 谁来承担施工安全事故责任？[N]. 广东建设报，2014-7-1.
[114] 韩永光. 建筑业农民工职业教育管理研究[J]. 中华民居，2014 （27）：239-240.
[115] 何厚全，成虎，张建坤. 基于变精度粗糙集的安全生产监督决策方法研究[J]. 中国安全科学学报，2013，23（6）：139-144.

[116] 何雪飞. 中国建筑业农民工工资权利救济制度研究——以建筑企业农民工工资垫偿制度构建为中心[D]. 北京：中国政法大学，2011.
[117] 华燕，王际芝. 建筑企业需要什么样的安全管理[J]. 土木工程学报，2003，36（3）：79-83.
[118] 黄钟谷. 政府建筑安全管理层级监督的研究[D]. 上海：同济大学，2008.
[119] 李成华，李慧民，云小红. 基于模糊层次分析法的建筑安全管理绩效评价研究[J]，西安建筑科技大学学报（自然科学版），2009，41（2）：207-212.
[120] 李慧，张静晓. 建筑安全事故防范认知与主体身份特征关系诊断研究[J]. 中国安全科学学报，2012，22（8）：157-163.
[121] 李昆，孙开畅，孙志禹，周剑岚. 基于结构方程模型的施工安全潜变量相关分析[J]. 水利水电技术，2013，44（2）：59-61.
[122] 李艳. 建筑企业安全文化建设研究[D]. 天津大学，2006.
[123] 李勇. 建筑施工企业安全文化的建设[J]. 建筑经济，2007（6）：92-94.
[124] 梁振东. 组织及环境因素对员工不安全行为影响的 SEM 研究[J]. 中国安全科学学报，2013，22（11）：16-22.
[125] 刘霁，李云，刘浪. 基于 SEM 的建筑施工企业 KPI 安全绩效评价[J]. 中国安全科学学报，2011，21（6）：123-128.
[126] 龙英，刘长滨. 建筑安全的经济学分析[J]. 北京建筑工程学院学报，2005，21（3）：77-80.
[127] 潘程仕，张仕廉. 安全管理对建筑工程项目管理的意义[J].建筑经济，2004（12）：43-44.
[128] 强茂山，方东平，肖红萍，陈洋. 建设工程项目的安全投入与绩效研究[J]. 土木工程学报，2004，37（11）：101-107.
[129] 申玲，孙其珩，吴立石. 基于博弈关系的建筑安全投入监管对策研究[J]. 中国安全科学学报，2010，20（7）：110-115.
[130] 宋光宇. 中国建筑业安全规制改革研究[D]. 辽宁大学，2013.
[131] 田元福. 建筑安全控制及其应用研究[D]. 西安：西安建筑科技大学，2007.
[132] 王宗怀. 对欧美建筑行业职业安全健康管理模式的理解与思考[J]. 铁道工程学报，2006（6）：87-91.
[133] 汪士和. 合理利润率——建筑业健康发展的生命线[J]. 建筑，2012，12：6-11.

[134] 吴建金，耿修林，傅贵. 基于中介效应法的安全氛围对员工安全行为的影响研究[J]. 中国安全生产科学技术，2013，9（3）：80-86.

[135] 吴涛. 2012 中国建筑业年鉴[J]. 北京：《中国建筑业年鉴》杂志有限公司，2013.

[136] 徐宁霞. 基于高处坠落事故案例浅谈建筑施工安全管理[J]. 中小企业管理与科技，2013 （19）：151-152.

[137] 杨莉琼，李世蓉，贾彬. 基于二元决策图的建筑施工安全风险评估 [J]. 系统工程理论与实践，2013（7）：1889-1897.

[138] 杨世军，贾志永. 建筑工程企业安全文化结构模型探析[J]. 建筑经济，2013（3）：97-100

[139] 杨世军，贾志永，张羽. 基于心理成本的工程企业安全监管机制演化博弈分析[J]. 经济体制改革，2013（2）：176-179.

[140] 尹陆海. 建筑施工安全事故危险性分析[D]. 西南交通大学，2009.

[141] 游旭群，李瑛，石学云，金兰军. 航线飞行安全文化特征评价方法的因素分析研究[J]. 心理科学，2005，28（4）：837-840.

[142] 袁海林，金维兴，刘树枫，金昕. 论我国建筑安全生产的制度变迁[J]. 建筑经济，2006（8）：23-25.

[143] 张静. 论从安全气候角度建设施工企业的安全文化[J]. 人民长江，2008，39（18）：91-93

[144] 张静晓，李慧，周天华，袁春燕. 我国建筑安全认知水平“身份”测度[J]. 中国安全科学学报，2011，21（4）：156-163.

[145] 张仕廉，桑锋. 建筑安全管理本质安全化系统模型研究[J]. 建筑经济，2009（6）：74-77.

[146] 张仕廉，董勇，潘承仕. 建筑安全管理[M]. 北京：中国建筑工业出版社，2005.

[147] 张仕廉，刘惠，刘伟. 建筑安全经济激励政策绩效评价[J]. 统计与决策，2008（24）：61-63.

[148] 张守健. 工程建设安全生产行为研究[D]. 上海：同济大学，2006.

[149] 张勇，周寄中. 建筑市场监管机制博弈分析与建筑行业技术创新[J]. 管理评论，2005，17（2）：41-45.

[150] 赵惠珍，程飞，金玲，王承玮. 2013 年全国建筑业发展统计分析[J]. 建筑，2014，11：19-31.

[151] 赵显，傅贵.企业安全氛围测评的实证研究[J]. 中国安全科学学报，2010，20（9）：145-151.
[152] 郑爱华，聂锐. 煤矿安全监管的动态博弈分析[J]. 科技导报，2006，24（1）：38-40
[153] 郑果. 工程施工项目安全事故原因及安全效益分析研究[D]. 天津：天津大学，2010.
[154] 郑雷，王增珍. 建筑工人伤害发生情况，影响因素及预防干预的效果评价[J]. 比较教育研究，2012，10：25.
[155] 郑文梅. 建筑施工企业安全文化建设与评估[D]. 南京：南京林业大学，2009.
[156] 朱建军. 建设安全工程[M]. 北京：化学工业出版社，2007.

附　录

调查问卷

尊敬的各位工友：

您好！

首先非常感谢您能在百忙之中抽出宝贵的时间填写该调查问卷。为了了解工友们对建筑安全的看法，我们请您协助这项调查。调查不记名，答案也无对错之分，您只需把您的真实想法按题目要求填写出来，我们保证这些数据资料只是用于“如何保障建筑工人安全课题”的学术性研究，并在任何时候都不公开个人信息。本问卷各项题目都只能选择一个答案，如果没有完全符合您情况的答案，请选择与您的现状最接近的答案。请您留意不要漏答，以免影响电脑分析结果。

第一部分：下列题目是描述您对建筑安全的看法与感受，请在最适当的方框中勾选

序号	问项	非常不同意	不同意	不确定	同意	非常同意
1	你的上级在及时发现工人们的不安全操作行为并进行制止方面做得好	□1	□2	□3	□4	□5
2	你们公司领导重视工人们的安全生产问题	□1	□2	□3	□4	□5
3	你们公司严格执行安全规章	□1	□2	□3	□4	□5
4	你的上级在对工人进行施工安全方面的指导做得好	□1	□2	□3	□4	□5
5	如果你的上司发现你违反安全规则施工，他会对你处罚很重	□1	□2	□3	□4	□5
6	你同意你们单位的安全管理工作只是表面功夫和走走过场这个看法吗？	□1	□2	□3	□4	□5

续表

序号	问项	非常不同意	不同意	不确定	同意	非常同意
7	在安全事故处理方面，你们公司在担当它应尽的责任并处理工人赔偿问题方面做得好	□1	□2	□3	□4	□5
8	你们公司在表扬奖励安全表现好的个人和集体方面做得好	□1	□2	□3	□4	□5
9	你同意你们单位对建筑工人安全培训是流于形式这个看法吗?	□1	□2	□3	□4	□5
10	你们单位内部经常进行安全检查	□1	□2	□3	□4	□5
11	你的工作没有危险性	□1	□2	□3	□4	□5
12	你觉得你的工作压力小	□1	□2	□3	□4	□5
13	你在工作中疲倦感弱	□1	□2	□3	□4	□5
14	你在施工中紧张和焦虑的感觉弱	□1	□2	□3	□4	□5
15	你不害怕死亡	□1	□2	□3	□4	□5
16	安全问题并非生死由天	□1	□2	□3	□4	□5
17	你不担心失去建筑工人这份工作	□1	□2	□3	□4	□5
18	如果你不按照安全规则危险施工，你的工友会主动提醒你并努力制止你这样做	□1	□2	□3	□4	□5
19	你的工友们乐意和你讨论交流如何在施工中保护自身安全的问题	□1	□2	□3	□4	□5
20	你觉得你在判断你所做的具体工作的安全隐患和危险方面的能力强	□1	□2	□3	□4	□5
21	你关心你的工友们在施工中是否注意自己的安全	□1	□2	□3	□4	□5
22	你了解你所需操作的各种施工机械设备和用具的安全操作注意事项	□1	□2	□3	□4	□5
23	你的安全知识掌握得好	□1	□2	□3	□4	□5
24	你愿意向单位报告大小安全事故	□1	□2	□3	□4	□5
25	你清楚企业的安全规章制度	□1	□2	□3	□4	□5
26	你对政府部门处理安全事故的处理结果感到信任满意	□1	□2	□3	□4	□5
27	你对政府有关建筑工人的安全福利保障满意	□1	□2	□3	□4	□5
28	政府能有效管控你们单位安全事故如实上报情况	□1	□2	□3	□4	□5
29	政府相关部门对你们单位的安全检查和监管有效果	□1	□2	□3	□4	□5

续表

序号	问项	非常不同意	不同意	不确定	同意	非常同意
30	你曾因为心存侥幸而采取不安全的施工操作行为	□1	□2	□3	□4	□5
31	你曾经因为怕麻烦等原因不佩戴应该佩戴的安全保护装备	□1	□2	□3	□4	□5
32	在无人监督的情况下你也做到了安全操作	□1	□2	□3	□4	□5
33	你曾经为了展示你的技术水平高而违法安全规则	□1	□2	□3	□4	□5
34	你严格遵守安全规则程序进行了机械设备操作	□1	□2	□3	□4	□5
35	你曾因为工作任务压力、赶工期而采取不安全的施工操作行为	□1	□2	□3	□4	□5
36	你严格遵守安全规则程序进行了施工操作	□1	□2	□3	□4	□5
37	你严格按照安全规则程序穿戴了安全防护用品（如安全带、安全鞋、防护手套等）	□1	□2	□3	□4	□5
38	在施工中，你会戴安全帽等自我保护装备	□1	□2	□3	□4	□5
39	你曾因为图方便省事而采取不安全的施工操作行为	□1	□2	□3	□4	□5
40	你排除过施工场所的安全隐患和安全威胁	□1	□2	□3	□4	□5
41	你向上级报告和反映过施工现场的大大小小的安全隐患和问题	□1	□2	□3	□4	□5
42	你曾经向上级报告过自己或工友的小的安全事故和轻的工伤情况	□1	□2	□3	□4	□5
43	你积极参与过单位或政府组织的有关安全生产的活动	□1	□2	□3	□4	□5
45	你提醒制止过工友的不安全生产行为	□1	□2	□3	□4	□5
46	你主动教过违反安全规章的工友如何进行安全操作	□1	□2	□3	□4	□5
47	你帮助过工友检查和穿戴安全保护装备	□1	□2	□3	□4	□5
48	你曾经参与救助过受大大小小工伤的工友	□1	□2	□3	□4	□5
49	你们单位发生过的安全事故导致单位经济损失高	□1	□2	□3	□4	□5
50	你因为工伤所受的工作时间损失（如请假等）大	□1	□2	□3	□4	□5

续表

序号	问项	非常不同意	不同意	不确定	同意	非常同意
51	你回忆你在施工中差点出安全事故受伤的情况多	□1	□2	□3	□4	□5
52	你因为施工工作落下了职业伤病或工伤伤病（如腰痛、背痛、关节痛、骨头痛等）	□1	□2	□3	□4	□5
53	你曾经经常因为工伤请假休息过	□1	□2	□3	□4	□5
54	你们单位出过安全事故的工人自己承担的医疗成本高	□1	□2	□3	□4	□5
55	你们单位出了安全事故的工人旷工损失高	□1	□2	□3	□4	□5
56	据你回忆，你当建筑工人的过去3年间的受工伤情况多	□1	□2	□3	□4	□5
57	你曾受过的工伤程度严重	□1	□2	□3	□4	□5
58	你曾经受过的工伤类型多	□1	□2	□3	□4	□5

第二部分：个人信息

年龄：(　　)岁

性别：男（　　）　　　女（　　）

你的具体工种是：(　　)

婚姻状态：单身（　　）　　　已婚（　　）

教育水平：

没读过书（　　）　小学（　　）　初中（　　）　高中（　　）　大学（　　）

你从事建筑行业（　　）年了？

吸烟习惯：

要吸烟，有时上班时也吸（　　）　要吸烟，但上班时不吸（　　）　不吸烟（　　）

喝酒习惯：

要喝酒，有时上班时也喝（　　）　要喝酒，但上班时不喝（　　）　不喝酒（　　）

你对目前建筑安全还有什么自己的意见、建议和看法吗？请写下来以便进一步研究。